KB251131

건강한 어른이 되고 싶어요

자녀를 큰사람으로 키워라

건강한 어른이 되고 싶어요

글 박한나

좋은땅

어떤 부모이든 자녀에 대한 사랑은 무엇으로도 비교할 수 없을 만큼 크다.

오히려 자녀에 대한 사랑을 너무 많이 해서 문제 되는 경우가 더 많다고 할 수 있다.

수십 년을 상담하며 건강한 자녀는 건강한 부모를 통해 양육되는 것임을 확신하고 있다.

하지만 아직 우리나라 부모들의 자녀 양육은 독립할 수 있는 양육 방식이 아니라 주입식 또는 일방통행식 사랑을 하고 있다. 즉, 아이들에게 전혀 동의를 구하지 않고 부부 싸움을 하고, 어느 날 이혼하고 재혼하고 결국 부모가 생각하는 선택을 자녀는 무조건 받아들여야 한다. 그만큼 자녀는 선택권이 없다.

무엇이 자녀를 위한 것이고, 건강한 가정을 세워 가는 것인지? 우리 모두 다시 생각해 봐야 할 것이다.

물론 진짜 건강하게 가정을 세워 가는 부모들도 많다.

하지만 사랑은 일방이 아닌 쌍방이어야 한다.

어른이기에, 부모이기에 자녀라서 모두 따라야 하는 것은 아니다. 그런데 부모는 자녀들이 다 따라와 주기를 바라고 있다. 아이가 대답하면 대꾸한다고 야단치는 한국 가정의 가부장적인 문화가 아직 많이 남아 있다. 본인 역시도 나이를 먹었음에도 어린 시절의 부모를 생각하면 어렵고 불편한 부분이 있다. 어린 시절 불편하고 어려웠던 것을 자신도 모르게 자녀에게 적용하는 모습을 발견하곤 했었다.

단, 자신을 찾고 알아차림을 통해 건강한 에너지를 찾고 실천하다 보니 아이들에게 불편함이 전달되지 않았을 뿐이다.

성경 말씀 에베소서 6:4 또 아비들아 너희 자녀를 노엽게 하지 말고 오직 주의 교훈과 훈계로 양육하라.

하나님은 우리에게 아주 친절하게 어떻게 자녀를 양육해야 하는지 알려 주고 있다.

하지만 우리는 순종하지 않고 있다.

오히려 자녀들을 노엽게 양육하고 있다.

에베소서 6:1~3 자녀들아 주 안에서 너희 부모에게 순종하라 이것이 옳으니라. 네 아버지와 어머니를 공경하라 이것은 약

결국 아비들이 자녀들에게 노엽게 하며 오직 주의 교훈과 훈계로 양육하지 않았기 때문에 자녀들은 부모를 공경하지 않는 것이다. 부모와 인연을 끊고 사는 자녀들이 상당히 많음을 상담하며 알게 되었다.

인연을 끊게 된 이유는 여러 가지다. 가장 많은 것은 가정 폭력 안에서 받은 트라우마 때문이었다.

자녀들은 트라우마로 인해 부모와 만나기도 싫고, 보고 싶지도 않고 궁금하지도 않다고 한다. 즉 보고 배운 것과 좋은 경험을 해 본 것이 있어야 하는데, 아무것도 없다는 것이다.

부모를 통해 본 것이라곤 싸움과 아동 학대와 도박과 외도, 알코올 중독으로 인한 피해가 전무라고 말한다.

부모로부터 방임과 학대를 받고 자란 아이는 어른으로 성장해도 부정적 자기 정서로 한 가정을 이루고 자녀가 태어난다고 해도 자녀를 사랑하며 산다는 것이 매우 어려울 수 있다. 이유는 어떻게 사랑하는지 모르기 때문이다.

즉 배운 것도 없고 받아 본 적도 없어서 방법조차 모르는 것이다. 자녀는 먹이고, 입히고, 공부시키는 것이 전부라고 생각하는, 그것이 사랑이라고 생각하는 부모도 있다. 자신이 받아 보지 못한 사랑을 책이나 강의를 통해 듣고 읽은 것을 과도하게 적용하여 사랑하는 허용 부모도 있다. 이 모든 것이 인생 최고의 정서적 에너지 손실이며 낭비라 할 수 있다.

아이들에게는 부모가 모르는 잠재 능력이 많다.

아이들의 잠재 능력은 부모로부터 확장되며 자신의 삶에 적용하며 살아갈 수 있다. 하지만 무한한 잠재 능력은 부모가 가지고 있는 기준 때문에, 날개를 펼쳐 보지도 못하고 접히는 경우가 많다.

아이들은 잠재 능력이 완성되기 전부터 부모의 기준에 맞추어 살아야 하기에 유연성과 자율성이 떨어지게 된다.

부모들은 자녀를 잘 키우고 싶어 한다. 하지만 어떻게 양육해야 하는지 모르고 세상에서 좋다는 것을 다 적용하고 있다. 자녀를 큰사람으로 키워라. 또한 무한한 잠재력과 가능성마저도 써 보지도 못하고 자신이 누구인지 잃어버리고 살아가지 않도록 해야 한다.

자녀들은 하고 싶은 것들이 많다. 지극히 건강한 자아라 할 수 있다. 하지만 몇 가지 하다가 그만두거나 다른 것을 하려고 하면 부모는 끈기가 없다고 평가하며 하고 싶은 것들을 제한한다. 건강한 호기심은 자녀의 인생에 큰 자원이 될 수 있다.

자원은 아동을 걸쳐 청소년 시기에 개발되고 자기 스스로 인생의 건강한 씨앗을 모종하는 것이다.

하지만 가능성이 탁월한 청소년 시기에 공부해야 하고 대학을 갈 수 있고 취업도 할 수 있다는 것에 모든 것을 쏟으며 살아가야 한다는 것을 아는 순간 아이는 미래에 대한 희망을 접게 된다.

청소년 때는 미엘린 분비로 인해 뇌 신경의 네트워크가 변할 수 있어 미래에 대한 부분이 더욱 혼란스러울 수 있다. 멀쩡한 아이도 조울증, 우울증, 조현병, 불안, 강박 같은 증세들로 힘들어 하는 시기다. 이런 청소년들에게 어른들이 해야 하는 것은 아이들이 가지고 있는 잠재 능력과 가능성을 잃지 않고 더 개발될 수 있도록 자녀의 편이 되어 주고 지지해 주어야 한다. 그동안 개발되지 않은 자율성과 연대감, 그리고 유연성 등을 찾을 수 있도록 도와주는 것이다.

그렇다면 어떻게 도와주어야 할까?

자녀와의 대화는 크게 4가지를 적용하는 연습이 필요하다.

대화를 들어 주는 가정 분위기부터 조성하는 것이 우선이다. 그 첫 번째는 집중하기다.

나는 너의 말을 들을 준비가 되어 있어!

말해도 괜찮아!

대화할 때 자녀의 콧등에 시선을 맞추고 들어 주는 것이 좋다. 시선이 티비나 휴대폰에 있다면 바로 수정되어야 한다.

또한 대화에 방해되는 것을 제거하면 더 집중해서 들을 수 있다. 두 번째는 관심 있게 듣는 것이다.

세 번째는 질문하기다. '네가 이런 말을 한 거지?'라는 질문법을 활용하면 좋다. 무엇보다 아이가 말한 것에 반응해 주는 것이 좋다. "그렇구나! 힘들었겠구나! 얘기해 줘서 고마워!!", "함께 고민해 보자.", "너는 어떻게 하길 원해?" 등등 경청과 함께 반응이 있어야 한다.

가정은 자녀가 대화할 수 있는 곳이 되어야 한다.

부모는 자녀의 얘기를 들어주고 함께 고민하며 아이의 눈높이로 풀어 가려는 자세가 필요하다.

건강한 어른이 된다는 것은, 자녀나 아이들에게 롤 모델이 되어 주는 것이다. 어른에게, 부모에게 아이가 실망한다면 앞으로 다가올 미래를 상당히 두려워할 수 있다.

"건강한 어른이 된다는 것은 이렇게 하는 거야!"

"엄마 아빠가 너의 눈높이에 맞추어 함께 걸어갈 거야! 두려워 말고 앞으로 다가올 미래를 준비해 보자."라고 안심시켜 줘야 한다.

목차

3부 부부

4부 자녀

〈인사이드 아웃〉 영화를 너무 감동스럽게 본 기억이 있다.

영화에서는 모든 사람의 머릿속에 존재하는 감정 컨트롤과 마음에서 불철주야 열심히 일하는 기쁨, 슬픔, 버럭, 까칠, 소심이 등 다섯 감정들의 이야기가 소개된다.

주인공 '라일리'와 그의 가족들의 이야기이다.

주인공 가족은 갑자기 이사하게 되는데 그 후 새로운 환경에 적응해야 하는 '라일리'를 위해 그 어느 때보다 바쁘게 감정의 신호를 보내지만 우연한 실수로 '기쁨'과 '슬픔'이 라일리 머릿속에서 이탈하게 된다. '라일리'의 마음속에 큰 변화가 찾아오는데, '라일리'가 예전의 모습을 되찾기 위해서는 '기쁨'과 '슬픔'이 머릿속으로 돌아가야만 한다.

그러나 엄청난 기억들이 저장되어 있는 머릿속 세계에서 마음까지 가는 길은 너무나 험난하다.

이와 같이 아이들도 "보이지 않는 미래"로 두려워하며 감정 컨트롤이 되지 않는다.

〈인사이드 아웃2〉은 라일리의 머릿속에 새로운 감정과 함께 돌아온다!

13살이 된 라일리의 행복을 위해 매일 바쁘게 머릿속 감정을 컨트롤하는 '기쁨', '슬픔', '버럭', '까칠', '소심'. 그러던 어느 날, 낯선 감정인 '불안', '당황', '따분', '부럽'이가 마음에 등장하고, 언제나 최악의 상황을 대비하며 제멋대로인 '불안'이와 기존 감정들은 계속 충돌한다.

결국 새로운 감정들에 의해 마음에서 쫓겨나게 된 기존 감정들은 다시 마음으로 돌아가기 위해 위험천만한 모험을 시작한다.

영화를 보는 내내 본 기관(아름다운 사람들)에 오는 아이들이 생각났다.

아이들은 영화 주인공과 동일한 감정들이 '사춘기'가 되면서 더 잘 나타난다.

사춘기의 아이들은 스스로 감정 컨트롤이 되지 않는다.

모범생이라고 해도 2차 성징이 오면서 감정도 변하고 생각과 마음도 변하기 시작한다.

그것은 뇌가 급속히 변화하기 때문이다.

누구나 태어나서 뇌 기능이 완성되기까지 36개월이라는 시간이 걸린다.

이때 아이들의 머릿속에 저장된 인지는 일평생 살아가도록 아이들 삶 속에 큰 영향을 준다.

왜, 우리 아이는 불안해하는가? 왜, 우리 아이는 ADHD가 되었는가? 왜, 느린 학습자가 되었는가? 물론 유전적인 부분도 있겠지만 환경적 요인이 크다는 것을 부모들은 알아야 할 필요가 있다. 위에서 말한 여러 가지 문제 행동들은 아이가 태어나서 36개월(만 3세) 되기 전에 뇌에 저장되는데 이때 부모와 환경을 통해 부정과 긍정이 저장되어 아이들의 삶을 만들어 간다. 즉 부정적 정서로 성장하느냐? 긍정적 정서로 성장하느냐이다.

부모들은 우리 아이가 천재일 것이라고 착각에 빠지기도 한다. 또한 아이가 조금이라도 관심을 보이며 집중하면 부모는 자신도 모르게 착각의 늪에 빠져 행복해한다.

부모는 아이가 "공부만 잘하면 모든 잘못도 괜찮아!!"라고 일관성 없는 양육을 하며 살기도 한다.

아니라고 강력하게 반박하는 부모도 있을지 모르겠다.

"어떤 부모가 그렇게 하는 거야?"라고 반문하기도 할 것이다.

기분 나쁘다고 할 수도 있다.

그러나 부모들이 다시 한번 자신과 아이를 바라보길 원한다,

아이를 건강하게 양육하는 분들도 많을 것이다.

여러분은 아이를 어떻게 양육하고 계시나요?

양육하며 어려운 점은 없으실까요?

36개월까지 성장한 뇌는 우리의 모든 습관 언어 말투 감정 등 정서적인 모든 것이 저장된다.

뇌를 알면 사춘기의 문제 행동을 알 수 있다는 책이 있다.

뇌 발달과 기능에 따라 오늘날의 정보를 제시하고, 사회적·정서적 의사 결정과 부정적 행동(충동성, 도전, 폭력)에 영향을 주는 요인들을 강조하고 있다.

왜? 뇌는 호르몬에 의해 감정들이 만들어지기 때문이다. 특히 아이들의 뇌는 엄마 뱃속에 있을 때부터 영향을 받는다. 엄마의 스트레스와 부부의 갈등이 아이에게 크게 영향을 주면서 태어나기도 전에 민감한 아이가 되기도 하고 폭력적인 아이가 되기도 하고 아무 어려움 없이 아이가 잘 성장하기도 한다. 미국에서 발표한 조현병에 관한 논문에서는 조현병은 엄마 뱃속에 있을 때 결정된다고 한다. 이렇게 부모와 환경을 통해 자란 아이들은 기질과 성격이 만들어지고 사회성도 만들어지면서 사춘기를 맞이하며 크게 변하는 것이다. 아이들이 무엇을 보고 어떤 환경을 통해 성장했는지에 따라 성격과 기질이 아이들의 사춘기에 큰 영향을 주게 된다.

이 책을 읽으면서 우리 아이가 왜 사춘기를 심하게 경험하고 있는지, 왜, 말썽을 부리는지? 왜 성범죄 가해자가 되는지, 왜,

ADHD가 되는지 알아차릴 수 있기를 바란다.

가장 놀라운 것은 청소년기 뇌는 미엘린 분비로 인해 뇌의 네트워크가 변화하면서 리모델링이 될 수 있다는 것이다.

청소년기에는 함께 살아가는 가정과 가족의 영향으로 아이들의 인성과 품행이 결정되기도 한다.

전 일생 중에서 사춘기 때, 즉 청소년 시기가 매우 중요한 시기라 할 수 있다. 청소년 시기는 기회와 위험을 동시에 경험할 수 있다. 하지만 가정이 안전하고 부모가 아이의 팬이 되어 준다면 아이는 건강하게 성장할 수 있다.

1부

아름다운 사람들 이야기

어느 기관이든 민원센터가 있다.

사람들의 필요한 부분을 해결 받을 수 있는 기관이라고 할까? 주민 센터도 민원센터의 일환이라고 볼 수 있다.

하지만 청소년들을 위한 민원센터는 없다.

청소년들의 이야기를 들어 주고 이해해 주고 공감하며 솔루션 제시를 해 줄 수 있는 곳이 드물다.

물론 청소년을 위한 기관들이 있기는 하지만 아이들이 안심하고 공유하지 않는다.

이차 성징 이후 아이들은 비밀이 생기기 시작하고 특별히 성적인 부분에 많은 궁금증이 생긴다. 하지만 성을 건강하게 알려 주는 사람과 기관은 부족하다. 특별히 성은 부끄러운 것이라고 알고 있기 때문에 1:1 성교육 해 주는 곳은 없다.

호르몬으로 인한 급격한 뇌 발달은 아이들의 미성숙한 행동들을 하게 된다.

이렇게 급격한 뇌 발달로 아이들은 자신이 누구인지, 정체성을 찾기 시작하면서 엄청난 행동 오류, 생각 오류, 감정 오류 등을 경험하게 된다.

말 그대로 어디로 튈지 모르는 개구리와 같아지는 것이다.

방향성은 없어지고 속도만 강하게 나타내곤 한다. 20년 이상 아이들을 만나며 아이들이 신뢰할 수 있는 어른과 공간이 있다면 어떨까?라는 생각을 해 왔다.

청소년들을 만나면 만날수록 절대적 필요성을 느끼게 된다.

건강한 어른이 아이들의 편이 되어 주고 건강한 멘토 역할을 해 준다면 아이들은 반드시 건강한 어른으로 성장해 갈 수 있다.

청소년들을 살리는 일을 시작하고 강산이 2번하고도 반이 지나가고 있다.

오랜 시간 어떻게 하면 청소년을 살릴 수 있을까? 기도하며 "청소년 민원 센터"가 있으면 더 많은 청소년들을 살릴 수 있을 것 같다는 마음이다. 어디에도 말할 수 없는 것을 들어 주고 공감해 주며 아이들의 편이 되어 줄 수 있는 그런 곳이 절대적으로 필요함을 느낀다.

아름다운 사람들은 '어떻게 하면 아이들이 건강한 어른으로 성장할 수 있을까?' 기도하며 아이들의 눈높이에 맞는 프로그램을 운영하고 있다. 아이들이 너무 좋아한다.

규칙은 엄하지만 대부분 잘 듣고 따라온다.

아름다운 사람들은 청소년, 즉 사춘기를 겪으며 방향을 잡지 못하고 속도만 내는 아이들에게 방향도 잡아 주고 속도도 잡아 주는 역할을 하고 있다.

코로나19 전까지만 해도 아이들을 데리고 해외 봉사를 많이 다녔었다. 아이들이 가족 여행을 다닌 경험은 많지만 실제로 성취감을 느껴 본 적이 없다고 한다.

경험을 통한 성취감은 매우 중요하다. 아이들은 경험은 건강한 성장 에너지가 된다.

아이들과 함께 경험하면서 가장 좋은 피드백이 나온 곳이 몇 군데 있다.

태국에서 벽돌을 쌓아 올려 원주민 집을 건축해 주었던 일, 필리핀 쓰레기 산에 가서 그곳 주민들과 점심을 나눠 먹으며 찬양하고 예배드렸던 일, 아주 낙후된 마을에 가서 아이들에게 닭죽을 만들어 나눠 주며 아이들과 함께 풍선 놀이를 하고 페이스 페인팅도 해 주고 아이들의 눈높이에 맞춰 운동하며 놀아 주었던 일, 인도네시아에 가서는 식인종이 조상이라고 했던 섬을 10시간 이상 배를 타고 찾아가 마을을 청소해 주고 함께 그곳 민속놀이도 하고 커피 농장에서 열매를 따서 말리고 커피 열매로 직접

볶아서 먹어 봤던 일, 몽골에 불우한 아이들에게 맛있는 간식을 만들어 주면서 몽골 어린아이들과 함께 축구와 야구도 하고 예배드렸던 일 등등. 다 기록할 수 없지만 의외로 다녀온 후 아이들은 놀랍게 변하기 시작했다.

영어 공부가 하기 싫어 스스로 자신은 "영포자"라고 했던 아이들이 해외 봉사 다녀온 후 영어 공부를 다시 시작하여 의대에 합격하고, 왜 공부해야 하는지를 모르겠다던 아이가 공부해야 하는 이유를 발견하고 공부하여 그렇게 가기 어렵다던 서울에 있는 대학을 합격하는 기적들이 일어났다.

또한 아이들과 미국 서부와 동부를 여행하고 유명한 애플사와 마이크로소프트사에도 방문하며 '시간 낭비를 하면 안 되겠구나!!'라는 것을 깨닫고 꿈을 찾고 공부를 시작했던 아이들도 많다.

아이들은 이렇게 무한한 가능성과 잠재 능력이 있다.

이런 아이들은 자신들이 경험했던 것을 말하며 내년에 "너도 함께 가자", "정말 좋아? 나는 또 갈 거야!!"라고 하며 기뻐하고 성취감과 보람이 크다고 고백하며 말이 없던 아이들이 신나서 말하던 아이들.

요즘 아이들은 어떠한가?

아이들은 자유롭게 활동할 수 있는 장소와 놀이가 없다.

오직 학교, 학원, 집이 전부라고 말할 수 있다.

하지만 청소년 때는 많은 에너지가 폭발처럼 발산되는 때다. 그래서 그 에너지를 건강하게 소비할 곳이 필요하다.

건강하게 자신을 발견할 수 있는 곳이 필요하다.

부모 교육할 때마다 아이들을 학원 보내는 것을 줄이고 성취감을 느낄 수 있는 작은 것이라도 괜찮으니 경험적 활동이 필요하다고 말하고 있다. 아이들은 운동을 좋아하거나 게임을 좋아한다. 운동하는 것을 좋아하는 청소년들은 풀어야 하는 에너지를 잘 배출하고 있으니 다행이지만 방에 들어가 대화 없이 산다는 것은, 아이의 미래가 보이지 않을 수밖에 없다. 방에서 나오지 않는 아이들과 대화해 보면 "저는 나가는 것을 싫어합니다.", "운동을 좋아하지 않아요."라고 한다.

다른 친구들처럼 유도나 킥복싱, 이종격투기 등과 같은 운동은 대부분 노는 아이들이 하는 것이라고 생각하고 있으며 게임 하는 자신은 아무 문제없다고 자기 합리화하고 있다. 이런 아이들은 대부분 일찍이 부모로부터 통제나 억압이 있었음을 나타내고 있다. 아이들은 하고 싶었던 것을 부모가 하지 말라고 해서 하지 않는다고 왜곡하고 있다. 물론 부모는 자녀를 사랑하는 마음으로 공부가 중요하다고 말을 했었을 것이다. 하지만 아이들은 늘 공부하라고만 하는 어른들이 너무 답답하고 힘들다고 말한다.

이런 마음들이 계속 누적되면서 아이들은 범죄 현장으로 자연스럽게 내몰리기도 한다.

절도를 끊임없이 하는 아이들, 집에 들어가고 싶지 않다고 말하는 아이들, 용돈이 부족하다며 자신의 물건을 팔아서 쓰는 아이들, 왜곡된 성인지로 성범죄에 노출되어 법의 심판을 받는 아이들, 학교 폭력으로 친구들에게 위협적인 아이들, 불법도박으로 빚져서 일찍이 알바를 해야 하는 아이들, 술과 담배를 하는 아이들, 학교 부적응 아이들, 어른들은 아이들의 보이는 현상만 가지고 판단한다. 부모에게 당연히 걱정 듣는 아이가 될 수밖에 없다.

서로 소통과 이해가 전혀 되지 않는 가정과 학교에서의 아이들은 우울증, 조울증, 품행장애, 조현병과 같은 정서장애가 생길 수밖에 없다. 왜 학교 부적응 아이들이 생기는 걸까?

아이들은 대인 관계를 어떻게 해야 하는지 모르는 것이다.

사회성이 떨어져 대인 관계의 어려움을 겪고 있을 수 있다. 이런 아이들의 부모를 만나 보면 상당히 통제적이고 예의범절을 강조하거나 불안을 조성하는 가정과 부모들이 있다.

기관에서 하는 공유학교 프로그램이 있다. 공유학교 프로그램은 학교 부적응 아이들을 학교생활을 할 수 있도록 도움을 주는 프로그램이다. 이 프로그램은 아이들이 좋아한다. 매번 학교생활을 이렇게 하면 좋겠다고 말한다. 특별히 잘해 주는 것은 없다. 그만큼 아이들의 속 얘기를 할 수 있다는 것이다. 아이들은 부모에게도 말 못 하는 것을 말할 수 있는 곳이 필요하다는 것이다.

또한 진로나 경험이 없는 아이들을 위해 나는 지난 2년 동안 꿈에 학교를 운영했었다. 아이들의 진로를 기질과 성격에 맞는 것을 함께 찾아서 임상적인 경험을 할 수 있는 프로그램이다.

1기는 '심리 상담사' 2기는 '프로파일러' 주제로 꿈의 학교를 진행 했는데 아이들의 반응이 생각보다 호응도가 아주 높았다. 아이들은 학교 밖에서 하는 프로그램은 처음이라고 하면서 너무 좋아했다.

아이들의 또 다른 재능을 발견할 수 있었던 프로그램이었다.

2025년부터 아이들이 신나게 운동하고 자신의 표현을 적극적으로 할 수 있는 운동프로그램을 기획했다.

몸을 쓰는 뉴 스포츠 '유포'라는 새로운 운동이다.

아이들에게 재미와 스트레스를 풀어 줄 수 있는 운동프로그램이다.

아이들에게 넘쳐나는 에너지를 신나게 발산시켜 줄 것이다.

이렇게 아이들의 민원 센터는 잘 세워져 가고 있다.

자신에게 맞는 진로를 찾게 되면 아이들은 재미있게 공부할 뿐만 아니라 정서적으로, 신체적으로 건강하게 정체성이 형성되어 간다. 즉 아이들의 가려운 곳을 긁어 주고 고민과 문제들을 표현하며 함께 해결해 가고 있다. 아이들이 행복해한다.

"쌤! 또 오면 안 돼요? 여기로 학교 다니면 안 돼요?"라고 묻는다. 학교보다 좋아요.

"아니야! 학교 다니면서 힘든 일이 생기면 오세요."라고 하며 돌려보내고 있다.

아이들과 이렇게 재미있게 행복하게 지내고 있다. 아이들이 행복해하니까 나도 너무 행복하고 좋다.

처음 아이들을 만났을 때

나는 청소년들을 너무 사랑하는 목회자이다.

아이들이 건강하게 성장할 수 있도록 도움을 주었던 사역이 전문적인 일이 되었다. 처음 청소년 대상 목회를 시작할 때는 아무것도 할 줄 몰랐다.

단지 하나님이 주신 사명이기에 순종했다.

오직 할 수 있는 것은 매일 아이들이 있는 곳으로 찾아가 아이들이 하는 말을 들어 주고 축복해 주는 것이 전부였다.

그 후 학교에 가는 요일과 시간이 되거나 내가 보이면 아이들이 몰려들기 시작했다.

간식을 먹기 위해 오는 경우도 많지만, 누구도 자신의 얘기를 들어 주는 어른이 없다가 들어 주고 축복기도 해 주는 것이 좋아서 오는 아이들도 많았다.

듣고 싶은 말을 가족이나 부모가 해 주면 좋은데 전혀 알지 못했던 사람에게 말하게 된 것이다.

아이들은 참 순수하다. 정말 세상 때가 묻지 않은 상태라 할 수 있다.

이렇게 학교를 찾아다니며 아이들을 만나다 보니 어느새 학교에서도 인정받으며 아이들 만나는 장소도 허락해 주었다.

점심시간, 저녁시간, 야자시간에 10-20분 정도 각 학교로 찾아다니며 아이들의 팬이 되어 준 것이다.

그렇게 오랜 시간 아이들을 만나다 보니 자연스럽게 청소년들의 대모로 아이들이 부르기 시작했고 부모들도 아이에게 문제가 생기면 찾아오거나 연락하여 도움을 요청해 왔다.

나는 아이들을 위하는 것이라면 집으로, 학교로, 학원으로 찾아가 아이들이 가려워하는 곳을 긁어 주고 있다.

그렇게 청소년들과 친하게 되고 부모에게 말 못 하는 비밀도 말하며 답답한 마음도 풀어 주는 사역을 한 것이다.

그렇게 나는 15년 이상 학교를 찾아다니며 아이들을 만나 아이들의 대변인 역할을 해 왔다.

'예수 십대'라고 하는 상담 센터도 세워서 전문적으로 아이들의 문제를 해결해 주는 해결사 역할을 하다 보니 아이들이 점점 많아지면서 '아름다운 십대'라는 이름으로 비영리 민간단체로 등록하여 활동하기 시작했다.

그렇게 아이들의 팬이 되어 주다 보니 학교마다 아이의 문제가 줄어들고 안정되어 간다고 칭찬과 인정도 받게 되었다.

또한 아이들을 위해, 건강한 어른으로 성장해 갈 수 있도록 '릴스스쿨'이라는 습관 프로젝트를 만들어 매주 160명의 아이들과 제자훈련을 하고 멘토를 세워 시간 관리, 태도 습관, 공부 습관, 피드백 훈련 프로그램을 만들어 적용하면서 아이들은 놀랍게 변화하기 시작했다.

아이들이 점점 변화하면서 많은 아이들이 릴스스쿨을 하고자 요청이 들어왔지만 모일 장소가 없어서 한 선교단체 예배 장소를 선교헌금 하며 제자훈련과 멘토링을 지속적으로 할 수 있었다. 그때 릴스스쿨에 함께 했던 아이들 대부분이 지금은 주의 종이 되었거나 사모가 되어 건강한 어른으로 성장하였다.

또한 건강한 어른이 되어 사회 일원으로 잘 살아 내고 있다.

그렇게 성장하여 더 전문적으로 아이들에게 도움을 주기 위해 '아름다운 사람들 공동체'를 세워 주일에는 예배드리는 장소로 제단을 쌓고 평일에는 전문 심리 상담 센터와 경기도 교육청 특별교육기관, 수원지방법원 2호 수강명령기관(성범죄가해자전문) 학교 폭력 가해자 심리 상담전문기관, 꿈의학교, 성교육교구 개발, 성교육 등 많은 프로그램을 하고 있다. 그렇게 하는 이유는 간단하다. '어떻게 하면 아이들이 건강한 어른으로 살아갈 수 있을까?'이다.

아름다운 사람들은 아이들의 가려운 곳을 긁어 주고 필요한 것들을 제공해 주며 아이들의 미래를 지원해 갈 것이다.

청소년 민원센터로 청소년들의 든든한 지원자로 사용되길 바라고 있다. 마음을 열고 세상을 열자.

찾아오는 아이들

지금은 위기의 아이들이 많이 찾아온다.

찾아오는 아이들에게는 교육과 상담을 진행하고 있다.

아이들은 학교보다 좋다고 "계속 여기로 오면 안 되나요?"라고 묻기도 하지만 학교로 복귀하여 학교생활을 잘할 수 있도록 돕고 있다,

특별교육기관과 2호 수강명령기관으로 사명을 다하고 있다. 학교에서 규칙을 어기는 아이들, 교권 침해로 걸린 아이들, 학교 폭력 가해자로 오는 아이들, 성범죄 가해 청소년을 학교로 복귀시키고 재범하지 않도록 돕고 있다. 1년이면 평균 700명 이상 아이들과 500명 이상 부모들이 다녀간다.

아이들을 만나면 참 좋다. 순수하다.

아무리 이상한 성범죄로, 학교 폭력 등으로 와도 아이들은 가능성이 있다. 청소년기라는 미성숙한 성장통을 겪고 있지만 부모와 학교 사회가 인생의 멘토로서 역할을 잘 수행해 준다면 반드시 건강한 어른으로 성장해 갈 것이다.

하지만 어른들이 범죄하고 방문하는 것은 또 다르다.

어른들의 인지는 이미 많이 오염되어 있다.

'다른 사람들도 다 그래!', '나만 재수 없어서 걸린 거야!'라는 생각들이 가득하기 때문이다.

아이들은 인지 왜곡이 강하다 해도 수정이 가능하다. 가정 환경이 건강하게 세워지면 아이는 더 이상 재범하지 않는다.

아이들은 왜곡된 인지도 수정이 빠르다. 얼마든지 다시 시작할 수 있다. 그래서 청소년 시기가 중요한 것이다.

가치 있는 같이 걷기

찾아오는 아이들에게 어떻게 하면 건강하고 재미있는 프로그램을 만들어 적용할까?

아이들을 사랑하는 선생님들과 함께 고민하고 기도 끝에 드디어 아이들에게 맞는 프로그램으로 만들어 적용하고 있다.

아이들은 일주일 동안 교정 교육을 받게 된다.

계속 강의를 들으면 아이들도 선생님들도 지칠 수 있다.

그래서 밖으로 나가 활동하는 시간을 갖게 된 것이다.

그것이 '가치 있는 같이 걷기'이다.

보통 아이들과 10-15km 정도 상담 선생님들과 걸으며 자신의 얘기를 자연스럽게 하기도 하고 고민을 털어놓기도 한다.

자유를 경험하다 보니 얘기도 잘하고 아이들 텐션도 올라간다. 때로는 등산도 한다.

그리고 돌아오면서 동네에 버려진 쓰레기를 주우며 자신들이 얼마나 가치 있게 하루를 살았는지 피드백 시간을 갖는다.

함께 걸으며 가치 있게 땀을 흘릴 수 있음에 아이들은 좋아한다. 오랜만에 칭찬을 들었다고 말하기도 하고 보람되다고 말하기도 하고 걸으며 자연스럽게 자신의 고민을 말하다 보니 속이 시원하다는 아이들도 있다.

힘들지만 아이들은 '가치 있는 같이 걷기' 프로그램을 좋아한다.

그러나 한번은 '가치 있는 같이 걷기' 프로그램을 아버지의 신고로 학교에서 항의가 들어온 적 있다. 그날은 하루 종일 전화가 계속 왔다. 사건의 전말은 이렇다.

전날 중학교 여학생이 왔었다.

가치 있는 같이 걷기를 하는 날이라서 아이들에게 설명하고 동의를 구한 후 다 같이 나가서 프로그램을 진행하고 돌아와서 너무 좋아했었다.

그러나 다음 날 아이가 꾀가 났는지 오늘도 하루 종일 걸어야 한다고 하며 가기 싫다고 오지 않았다.

그런데 아버지는 그런 딸의 말과 행동을 보며 선생님과 기관을 아동 학대로 신고한 것이다. "아이가 하기 싫어하는데 왜 하느냐!"라고 하는 것이다. 함께 수행했던 담당 선생님은 아주 난처해했다. 종종 이렇게 부모가 아이 말만 듣고 항의하는 경우들이 있다.

하지만 아버지의 오해였다는 것이 곧 밝혀졌다.

결국 그 아이는 특별교육을 이수하지 못해 징계를 받게 되었다. 아이가 신고해 달라고 했던 것도 아닌데, 아버지는 무조건 행동한 것이다. 이런 아버지는 아이를 위한 것이 무엇인지를 알지 못하는 것이다.

어쩌면 우리 부모님들이 이렇게 사랑이라는 이름으로 황당하게 행동하고 있는지 모르고 있을 수 있다.

이런 부모를 '과잉 허용 부모'라고 한다.

'가치 있는 같이 걷기'는 아이들에게 인기가 많다.

아이들은 걸으면서 고민을 말하며 자신을 알아차릴 수 있고 동네 청소도 할 수 있어서 계속하기를 원하고 있다.

물론 점심을 외식하기 때문에 좋아하는 것도 있다.

아이들은 지금도 자신들의 말을 들어 줄 건강한 어른을 찾고 있다. 이제 부모님들이 나서 줄 차례다.

2부

부모

　아이들은 '왜 소리 지르고 떼를 쓸까?', '왜 말을 듣지 않고 제멋대로 행동할까?', '왜 이상한 행동만 골라서 할까?' 아이를 키우며 부모는 매 순간 혼란스러운 생각과 마주하게 된다. 도통 이해할 수 없는 아이를 조금이라도 변화시켜 보고자 수많은 육아 도서를 읽으며 각종 조언을 실천한들, 한때 효과가 있을 뿐 아이는 다시 원래의 모습으로 돌아가고 만다. 그렇다면 대체 내 아이에게 맞는 양육법은 어떻게 찾아야 하는 것일까? 강산이 두 번 하고도 반 이상 지나는 시간 동안 아동. 청소년 전문 사역을 하면서 아이들의 자해, 왕따, 트라우마 등 여러 정서적 요인을 회복시키면서 부모의 역할이 매우 중요하다는 것을 발견하게 된다. 양육은 부모가 내 아이가 어떤 존재인지 분명하게 알아야 올바른 양육이 가능하다.

　부모들은 양육은 잘 먹이고 입히고 교육하는 것이라고 생각할 수 있다. 물론 의식주가 기본이고 중요하다. 하지만 더 중요한 것은 정서다.

즉 우리는 아이를 어떻게 양육해야 하는지를 모르고 부모가 된다.

그렇다면 건강한 부모, 좋은 부모가 된다는 것은 무엇일까?

부모들은 사춘기가 된 아이를 어떻게 할 수 없어서 포기하고 싶어 한다. 얼마 전에도 말썽부리는 자녀를 정신 차리지 못한다고 포기한다고 말하는 부모가 있었다. 부모는 견디기 힘들다고 한다. "아이가 한 명이 아니라 3명이 있는데 어떻게 한 아이에게만 신경 쓸 수 있느냐!"라고 한다.

"말해도 듣지 않아요. 내가 하라는 것을 하나도 약속을 지키지 않아요. 자녀지만 너무 너무 힘들어요, 어떻게 양육해야 하나요?"라고 호소한다. 아마도 모든 부모의 숙제일 것이다.

아무리 나쁜 엄마라고 해도 자녀가 잘되길 바란다.

옛날에는 먹고 입히는 것이 기본이었다. 공부를 시켜 주면 좋은 부모였다, 고등학교나 대학교를 보내 주는 부모는 최고라고 할 수 있었다.

부모들은 너무 가난하게 살아오셨기 때문에 공부를 하지 못하고 살았다. 그래서 자식은 공부하며 똑똑하게 살아가길 바라고 있다. 하지만 지금은 대학은 기본이고 대학원까지 갈 수 있는 것은 당연해졌다.

그래도 아이들은 공부해야 하는 것이 가장 힘들다고 말한다. 아이들은 자유를 누리고 싶어 한다. 누구의 터치를 받고 싶어 하지 않는다. 이때 자녀를 그냥 내버려 두는 부모는 없다.

부모는 어떻게 해서라도 자녀에게 좋은 것을 먹이고 교육하고 좋은 대학에 들어가 독립하길 원한다. 그러나 부모가 모르는 것이 있다. 아이들이 무엇을 좋아하는지, 무엇 할 때 행복하고 즐거운지 잘 모른다. 모든 것이 공부로 함축되어 움직이고 있기 때문이다.

아이들을 잘 키워야 한다는 부모들은 맞벌이를 해야 한다.

아이들을 좋은 학원에 더 보내려면 돈이 필요하기 때문이다.

그렇다 보니 부모도 지치고, 양육조차도 할 수 없는 상황들이 생기고 있다.

그러나 아이들은 부모의 이런 상황들을 전혀 모른다.

알려고 하지도 않고 오직 보상 욕구로 인한 자기애(허세)적인 표현만 하고 있다.

부모들은 아이들에게 집의 형편은 이렇고, 엄마 아빠는 이런 상태라고 말할 수 없다.

아이들이 부모에게 하는 말은 "돈 주세요. 편의점에 가도 나만 돈이 없어서 늘 얻어먹어요." 이런 아이에게 부모는 "조금만 더 노력하자! 학교라도 졸업은 해야지?" 또한 공부는 해야 하는데 공부하지 않으려 하는 아이에게 공부해야 한다고 반복한다. 아이들은 부모의 이런 반응 때문에 집에 들어가기 싫다고 한다. "얼굴만 보면 잔소리해요."라고 불평불만으로 투덜거린다.

아이들은 부모가 없을 때, 바쁠 때가 더 좋다고 한다.

반면 부모들은 배우지 못한 경우가 많다. 늘 부모에게 걱정거리를 주지 않기 위해 열심히 공부해서 빨리 부모에게 효도 해야지!는 기억들이 대부분이다. 자녀들도 그런 마음을 잡고 공부해 주길 기대하고 있다. 부모들은 나름 원가족에 대한 아픔이 있다. 가난하게 살았던 때, 힘들었던 때를 자녀에게 주고 싶지 않은 것이 부모의 마음이다.

그래서 자녀는 돈 걱정 없이 공부만 잘하길 원하는 것이다.

하지만 아이들은 부모가 바라는 대로 공부하지 않고 힘들고 어렵게 사춘기를 보내고 있으니 이해할 수 없다고 한다. 아이들을 양육하며 부모의 청소년 때를 적용하려고 하는 부모들이 있다. 부모가 아무리 주폭을 했어도 열심히 살았던 부모의 때와 같이 자녀도 해 주길 원한다. 그래서 자신도 모르게 원가족 부모가 했던 행동들을 자녀에게 하며 자녀와 갈등하며 양육하려는 습관이 자신도 모르게 나오는 것을 발견하며 그때서야 알아차린다.

부모들은 어떻게 하면 좋은 부모가 될까? 고민하고 있지만 중요한 것은 부모들의 마음 건강이다. 언제 어떻게 자신 안에 트라우마가 생겼는지 알 수 없거니와 원가족 부모로부터 받은 억압과 통제가 있었어도 "그때는 그럴 수밖에 없었을 거야!"라고 이해하고 있는 것 같지만 이미 마음은 우울하고 불안하고 위축과 경직이 반복되며 생긴 사고들은 자신도 모르게 부정적인 방법으로 행동할 수 있기 때문이다.

하지만 부모들은 대부분 '어떻게 하면 아이들이 삐뚤어 가지 않고 잘 성장할 수 있을까?'를 더 많이 고민하고 있다. 누구나 좋은 엄마와 아빠가 되고 싶어 한다. 하지만 먼저 부모가 서로 힘들고 어렵다고 짜증이나 분노의 감정들이 아이들에게 어떤 영향을 미치는 것인지? 어떤 영향을 주는지? 생각해 봐야 한다.

건강한 양육을 위해서라면 건강한 부모가 우선순위이다.

때론 부모들은 자신들의 감정이 더 중요하다고 생각하고 있기에 부정적인 감정을 자유롭게 펼치기도 한다. 이때 자녀의 정서에 어떤 영향이 미치는지 생각하지 못한다.

위기의 아동, 청소년들은 그냥 생기는 것이 아니다.

자녀가 사춘기라서 그러는 것은 아니다.

사춘기의 일탈이 잠시 왔다가 다시 건강해지면 가장 좋다. 하지만 가정 환경에 따라 아이들은 힘들어한다. 부정적인 정서가 생길 수 있기 때문이다. 부모가 살던 시대에는 사회적, 정서적으로 많이 억압되어 있었다면 지금은 아이들 손안에서 모든 정보를 볼 수 있는 빠른 변화를 경험하며 살고 있다.

좋은 것보다 나쁜 것을 더 모방할 수 있고, 죄책감도 둔해지고 양심이라는 것이 점점 사라져가고 있는 때에 아이들을 살고 있다.

그렇다면 지금 우리나라 사회와 환경 속에서 아이들은 무엇을 원하고 있는 것일까?

가정에서 부모에게 무엇을 원하며 사는 것일까?

아이들에게는 보이지 않는 미래의 두려움은 있지만 스스로 하려고 하는 독립심이 없다.

아이들은 가정 환경에서 억울함과 불안과 우울한 부정적인 경험을 마주하며 살아간다.

온갖 희노애락을 부모로부터 보고 듣고 영향을 받으며 살아간다. 부모가 아이들에게 롤 모델이다.

아이들은 사춘기가 되면서 더욱 예민해지고 무모한 행동을 일삼고 친구가 전부고 자기 합리성에 뛰어나 거짓말도 서슴치 않고 무모한 행동을 하기도 한다.

아이들은 부모를 자신이 살아가는 데 필요한 존재일 뿐 중요하게 여기지 않는다.

아이들의 이런 말과 행동들은 부모들에게 상처와 배신감을 주고 있다. 아이들의 이런 반응에 부모들은 어떻게 대처해야 하는지 힘들어한다. 매우 난감해한다.

부모도 사춘기를 경험하며 살아왔다. '그러다가 말겠지?'라는 작은 희망의 끈을 잡고 기다리고 있는 것이다.

하지만 부모가 살던 때와 아이들이 살아가고 있는 사회는 정말 다르다. 그러므로 '나 때'는 말하지 말아야 한다.

아이들은 자신의 정체성을 찾고자 여러 가지 부정적인 태도로 경험할 수 있다. 이때 부모들이 해야 할 역할은 무엇일까? '무엇을 어떻게 해야 할까?'라는 질문 앞에 답답해한다.

- 아이들이 자신의 소유물로 여기고 있지 않은지?

- 우리는 자녀의 롤 모델이 되고 있는지?

- 우리 부부는 건강한 관계인지?

- 우리 가정은 따뜻한지? 편안한지?

- 나는 아이들의 팬이 되어 주고 있는지?

- 우리 집은 안전한지?

- 일관성 있게 양육하고 있는지?

- 아이들을 사랑이라는 이름 앞에 통제하고 있지 않은지?

질문을 스스로 대답해 보면 알 수 있다.

하지만 부모는 너무 바쁘게 살아가다 보니 여유가 없다.

아이들을 위해 일한다고 하지만 정작 자녀가 사춘기를 건강하게 지나가도록 기다려 줘야 하는 것은 모를 수 있다.

자녀는 부모의 소유물이 아니다

부모는 아이들의 행동을 먼저 본다.

하지만 사춘기에 접어든 아이들은 스스로 나는 '왜 그럴까?'라는 반추가 전혀 되지 않는다. 이유는 간단하다.

갑자기 급성장하고 급변화가 일어나고 있는 자녀를 이해할 수 없다. 급격하고 빠르게 성장하며 반응하는 아이들의 뇌 호르몬의 영향을 받기 때문이다. 즉 아이들의 뇌는 어른이 되기 위해 공사 중이다.

아직 공사 중인 아이들의 뇌는 어떻게 행동하고 절제하고 무모한 행동을 하지 말아야 하는지 조절할 수 없다.

다른 아이들도 그렇게 자신과 비슷하게 행동하고 있음에 나는 문제없다고 생각한다. 쟤도 하고 쟤도 하는데 나도 해도 괜찮겠지?라고 생각할 뿐이다.

청소년 때는 어느 때보다 어른으로 성장하기 위해 뇌 기능이 급격히 활발하게 움직인다.

다시 말해 대뇌피질(전전두엽의 피질)이 회백질이기에 몸은 커 가지만 정서는 아직 미성숙한 상태라 할 수 있다.

그렇기에 아이들은 미성숙한 생각을 하고 행동도 하게 된다.

어떤 분들은 "사춘기 때"는 다 그래?

사춘기만 지나면 괜찮아질 거야? 맞는 말일 수 있다.

하지만 그렇지 않을 수도 있다.

인생에서 가장 중요한 시기는 사춘기(청소년)라고 할 수 있다. 아이들의 뇌는 미엘린 분비로 인해 뇌의 네트워크가 복잡하고 혼돈되어 있을 수 있는 시기지만 지지자가 있고 건강한 부모가 옆에 있다면 아이들은 건강한 어른으로 성장할 수 있다. 이때 부모는 임신하고 어떠했는지, 환경과 정서는 어떠했는지를 생각해 본다면 아이의 성격과 기질을 알 수 있으며 양육에도 도움 될 수 있다.

옛 어른들은 임신하면 좋은 것만 생각하고 절대 먹어서는 안 되는 음식을 가려먹고 좋은 장소에서 좋은 것을 보며, 평안해야 한다고 말씀하셨다.

오히려 요즘 부모들은 옛날 부모들의 지혜를 따라가기 어렵다. 임신하고도 술, 담배, 커피도 먹고 만삭될 때까지 일하기도 한다. 출산 후 3-6개월 만에 복직하는 분들도 많다. 이유는 일과 경제적인 부분을 충족하기 위해서이다.

출산 후 산후우울증세로 힘들어서 빠르게 일에 복귀하는 엄마들도 있다.

그러나 아이를 건강하게 양육해 줘야 할 분을 찾지 못하면 주양육자가 자주 바뀌게 되고 엄마는 퇴근해서도 힘들어서 아이와 눈 마주침도 못하고 아이에게 애착 시간을 충분히 줄 시간이 없다.

이때 중요한 것은 부부가 하나 되어 양육해야 한다.

만약 부부가 한마음을 이루지 못한다면 가정은 불안정한 상태가 계속되어 아이는 불안정한 상태로 성장할 수 있다.

부모는 '아이는 아직 어리니까', '듣지 못하니까 괜찮을 거야!'라고 생각할 수 있다.

하지만 아이는 부모와 가정의 모든 것을 저장해 놓는다.

만약 아이가 서로 신뢰할 수 없는 부부 관계 속에서 성장하면 어떤 성격과 어떤 기질로 성장할까?

아이들이 말한다. "건강한 어른은 어디에 있어요?"

어디를 봐도 자신들의 롤 모델을 찾을 수 없다고 말한다.

아이들은 우리도 잘하고 싶고, 우리도 변화하고 싶다고 외친다. 학교에도 가정에도 어디 하나 기댈 곳이 없다고 호소한다. 그렇기에 친구들을 찾는 것이다.

아이들은 가정이 불안전하다고 느낀다.

아이는 아무도 없는 집에 혼자 들어가야 하고 혼자 있어야 하는 것을 견디기 힘들어한다. 부모가 바쁘다는 것을 알고 있기 때문에 음식은 시켜 먹거나 시켜 주는 것을 먹어야 한다. 그래서 게임을 접하게 되고 유튜브를 보는 것이다.

이런 상황이 반복되면 우울증세를 보이게 되면서 공부하는 것을 싫어하고 자신의 마음을 알아주지 않는 부모에게 분노를 품게 된다.

아이는 이렇게 사회성이 만들어져 간다.

아이들은 스트레스를 풀 수 있는 대상이 없다. 아이는 자신의 마음을 알아줄 것 같은 친구들과 놀면서 자연스럽게 나쁜 습관도 따라 하게 된다.

"너는 담배를 언제부터 피우기 시작했어?"라고 질문해 보면 대부분 친구나 선배들이 피워 보라는 말에 피우기 시작해서 지금까지 피우게 되었다고 한다. 처음에는 너무 쓰고 구역질 났는데 친구들과 함께 조금씩 피워 보니 스트레스도 풀리고 지금은 끊을 수 없다고 한다.

이렇듯 흡연은 부모와 갈등을 빚는 이유가 된다.

아이들은 금방 들킬 거짓말도 잘한다.

또한 아이들은 절제, 자유분방, 무모한 행동, 충동성이 강하게 나타난다. 아이들은 이유 없는 반항은 없다.

아이들이 말하는 '건강한 어른은 어디에 있을까요?'라는 질문에 어른들은 깊은 피드백을 해야 할 것이다.

어른들은 성인이기 때문에 괜찮다고 생각하고 있기 때문이다. 아이들이 부모가 시키는 것만 잘해도 먹고사는 데는 문제 없을 텐데? "왜 아이들은 어른 말을 잘 듣지 않을까요?"

질문하지만 그 해답은 어른이 더 잘 알고 있을 것이다.

아이들을 상담하다 보면 가장 많은 감정은 억울함이다.

부모들은 잘하다가 꼭 쉴 때 지적받기 때문이다.

지적은 그동안 잘했던 것도 다 못한 것으로 간주하기 때문에 억울하다고 호소한다.

즉 그동안 최선을 다해 노력한 것은 인정도 않고 한번 못한 것만 가지고 계속 말하는 부모와 진짜 살기 싫다고 말한다. 어떤 아이가 이렇게 호소한다.

"제가요, 밥을 먹을 때 허리 아파서 다리 하나를 의자에 올려놓고 먹고 있는데요, 아빠로부터 식사 예절이 좋지 않다고 지적받고 나니 화가 나서 먹던 밥을 급하게 먹고 방으로 들어와 버렸어요. 왜 어른들은 하면 되고 저에게는 안 된다고만 하는지 알 수 없어요.

부모는 다 되고 왜 나는 어리다고 안 된다는 것인지 알 수 없어요. 너무 억울하고 매우 기분 나빠요."

아이들이 행동하는 것은 나쁘다고 말하는 어른들에게 묻고 싶어 한다. 부모는 해도 되고 아이에게는 야박하게 하는 것이다. 부모는 잘하는데 왜 아이들은 억울해할까?

어른이기에 다 잘한다고 생각하고 있다면, 매우 잘못된 생각이다. 어른들이 하는 생각이나 마음 그리고 행동들은 아이들보다 더 나쁠 수 있다.

아이들을 이용해 불법으로 돈을 벌거나 이용하려고 하는 어른들이 너무 많기 때문이다.

즉 아이들에게 불법 사이트를 만들어 도박 중독에 빠지게 하기도하고 모든 불법 프로그램을 만들어 아이들을 범죄자로 몰아가고 있다는 것이다.

뉴스에서 나오는 아이들의 범죄들은 놀랄 일이 아니다.

반항을 통해 밖으로 뛰쳐나가 노는 아이들도 문제이지만 모범생처럼 방에서 조용히 스마트폰을 이용한 디지털 범죄와 잘못된 행동을 하는 아이들도 문제이다.

학교 밖 아이들만 문제아일까? 나는 학교 안에 있는 아이들이 더 문제아가 될 수 있다고 말한다.

부모들은 학교만 잘 다니면 괜찮다고 한다.

학교에 가지 않으려는 아이들이 너무 많다 보니 학교만 잘 가도 부모들은 안심한다. 부모들은 내 아이는 착하다고 생각하는 것이 맞다. "사춘기 이전에는 너무 착하고 공부도 잘하고 아무 문제 없었어요".

부모의 기대대로 사춘기가 지나가면 아이들은 과연 괜찮아질까? 아이들은 제자리로 돌아올까?

그럴 수도 있고 더 힘들어질 수도 있다.

하지만 권위적인 부모들의 자녀와 가정이 불안정하다면 사춘기가 지나도 회복되는 시간은 많이 걸릴 수도 있다.

결론은 일방적인 대화를 하는 가정과 부모의 자녀들은 겉으로는 착한 것 같지만 속마음은 불안과 긴장이 미해결되었기 때문이다.

자녀를 잘 양육해야 한다는 책임감으로 부모가 하라는 것만 잘하면 자녀는 먹고사는 걱정하지 않아도 될 것이라고 착각한다. 부모는 아이의 꿈과 재능은 먹고사는 것과는 별 상관이 없다고 생각한다. 하고 싶은 것만 하며 산다면 어떻게 먹고 살 수 있냐는 것이다.

부모는 자녀가 먹고사는 것이 해결되면 잘 키웠다고 생각한다. 얼마나 수고했을까? 물론 고생하셨음을 인정한다. 자녀를 잘 양육한다는 것은, 자녀가 어른이 되어도 안심할 수 없다. 부모는 인생의 선배로서 노심초사할 수 있다. 경험적인 불안이다.

하지만 가정에 주폭이 있는 아빠, 아내를 때리거나 무시하는 아빠, 다 나열할 수 없지만, 자녀에게 어떤 부모라고 생각될까? 많은 부정적인 정서들이 가득할 것이다.

부모를 통해 경험하는 모든 것이 자녀의 미래가 될 수 있다.

아이는 늘 책상에 앉아 공부하는 것 같지만, 온갖 잡념으로 머릿속은 복잡하고 길이 없는 우주에서 기아가 되어 헤매고 있을 것이다.

이렇게 잡념과 고군분투를 하는 아이들은 각종 중독이나 디지털 성범죄에 노출될 확률이 통계적으로 높은 편이다.

온갖 불법이 난무한 이 사회를 누가 아이들을 오염 속으로 밀어 넣고 있을까?

아이들인가? 부모인가? 일반 어른들인가?

아이들의 이런 상황을 부모와 어른들만 모른다.

아이들이 바라보는 어른은 어른이 아니라 사람이다.

아이들은 어른들을 신뢰하지 않는다.

예전에는 어른들이 말하면 듣고 바로 행동수정을 했었다.

지금은 오히려 아이들이 무서워 나쁜 짓을 해도 잘못되었다고 말하거나 간섭하고 싶어 하지 않는다. 그만큼 서로 신뢰하지 않기 때문이다.

어른들이 아이들을 훈육하려면 아이들로부터 최소한 존경은 아니어도 신뢰는 받아야 할 것이다.

가끔 '이혼 숙려' 결혼 지옥 같은 프로그램을 보게 된다.

그동안 살아오면서 엉킨 사연들이 TV프로그램을 통해 해결 받고자 한다. 이제 부부전쟁을 마치고 잘살아 보려고 한다. 프로그램에서 서로 가정에서 어떻게 살고 있는지를 영상을 찍어 보여주는 것을 보면 서로가 물러서려고 하지 않는 것을 보게 된다. 아이가 있어도 상관하지 않고 서로를 공격한다. 영상을 통해 '아이는 어떻게 하니?'라는 걱정할 때도 많았다.

이런 가정에서 자란 아이는 울지도 않고 혼자 노는 것을 좋아한다. 너무 안타깝다.

이렇게 싸우면서도 아이에게 좋은 것을 가르치고 유기농 먹이고 기념사진을 찍어 주는 것이 무슨 소용이 있을까?

당장이라도 초청하여 부부 상담해 주고 싶다.

이렇듯 자신들의 모습이나 행동들, 그리고 적어도 자신이 무슨 말을 하고 있는지 어떤 행동을 하는지 모르고 지속적으로 반복적으로 행동하고 있다.

같은 부모로서 아이에게 너무너무, 미안하다.

이런 마음의 빚 때문에 나는 지금도 위기 아이들을 상담하고 교육하며 돕고 있다. '어떻게 하면 아이들이 건강한 어른으로 성장할 수 있을까?' 내 사명이 되어 기도하며 아이들을 돕고자 한다.

아이들

아이들을 만나면 만날수록 아이들이 궁금해진다.

어떻게 이런 행동을 한 것일까? 어떤 이유가 있는 것일까? 아이들은 너무 일찍 좌절과 상실을 경험하고 불안과 불안정으로 힘들어한다. 이유는 가정에 있다.

물론 부모들은 자녀들을 잘 양육하고 있다고 말할 것이다. 사랑하기 때문에 때론 매도 들고 혼내기도 하고 가르친다고 말할 것이다. 이런 부모의 사랑을 아이들은 어떻게 받아들이고 있을까? 특히 사춘기에 들어서서는 부모의 사랑은 필요 없다고 내버려 두라고 한다. "잔소리 그만하고 돈이나 주세요."라고 한다. 주는 사랑과 받은 사랑은 차이가 분명히 다르다는 것을 알 수 있다. 그동안 셀 수 없는 아이들과 부모들을 만나 상담과 교육 하며 같은 사연과 사안은 한 명도 없었다.

찾아오는 부모나 아이들은 모두 자신이 억울하고, 힘들다고 호소한다. 부모는 부모대로 자녀에게 잘해 줘 봤자 아무 소용이 없다고 불만을 토로하기도 한다. 내가 어떻게 키웠는데 이렇게까지 힘들게 하는지 섭섭함이 가득하다고 한다.

자녀는 부모의 말과 행동으로 인해 그동안 받은 상처가 얼마나 큰지 아느냐고 소리 지르기도 하고 욕하며 거친 행동을 하기도 하며 부모님이 서운할 만큼 자기 멋대로 행동하기도 한다. 그럴 때 부모의 속상함은 이루 말할 수 없다.

이처럼 부모와 자녀의 마음에는 큰 갈등들이 있다.

자녀를 양육하면서 부모도 힘들다.

임신하고 출산하고 육아로도 힘들었고 유치원 보내고 학교 보내느라 힘들고 자녀를 위해 경제적으로도 일해야 하고 정말 힘들다. 아무리 지치고 힘들어도 부모도 자녀에 대한 기대가 있다. 건강하게 성장하여 건강한 사회인으로 자리 잡았으면 하는 것이 소원이기도 하다.

그렇지만 아이들은 그런 부모의 모습을 보며 부담스럽고 불편하다고 한다. 청소년 SCT(문장완성검사)에서 '어른들이 네게 다가오면?'이라는 질문에서 대부분 '부담스럽다.'라고 표현한다. 또한 '엄마와 나는?', '아빠와 나는?'이라는 질문에서는 '그저 그런 사이', 또는 '부자 관계', '모자 관계'라고 표현한다.

이렇듯 아이들은 가정에서부터 스스로 나는 누구인지 왜 그러는지 알아차리지 못하고 살고 있다.

아이들은 재미없이 살아가고 있다.

옛날에는 논으로 밭으로 산으로 뛰어다니면서 놀았었다.

그만큼 마음 안에 있는 것들을 밖에서 표출하며 살아서 쌓일

만한 스트레스도 없었다. 순수했다.

요즘은 아이들이 놀 수 있는 놀이 문화도 없고 공부해야 하는 부담과 스트레스만 있다. 그렇기에 아이들은 게임 속에 빠지게 되고, 유튜브 영상만 보고, 절도도 하고 자신도 모르게 성의 유혹에 넘어가 성범죄를 가해자가 되기도 한다.

부모는 이런 아이들의 입장과 마음을 알고 있다.

하지만 현실은 경쟁 속에 살아야 하는 아이들이 잘 따라가길 원할 뿐이다. 왜 공부 얘기를 해야 할까? 왜 좋은 대학을 가야 한다고 말해야 할까? 자녀가 변할 수 있는 방법이기 때문이다.

부모는 급변하는 사회에서 살아남는 방법을 자녀에게 미리 알려줘야 한다고 생각한다. 하지만 자녀는 그렇게 다그치는 부모가 싫은 것이다. 내가 알아서 하겠다고 큰소리 쳐 보지만 딱히 부모의 말을 대신할 만한 방법을 찾지 못한다.

그런 자녀에게 "앞으로 뭐해 먹고살래?", 그렇게 공부하지 않으면 실패할 수 있음을 말로 협박 아닌 협박을 한다.

그럼에도 불구하고 아이들은 "힘들지?", "지금은 그럴 수 있어", "많이 힘들 거야!", "힘들어도 노력해 주니 고맙다."라고 응원해 주는 것을 더 좋아한다.

그러나 부모들은 아이들에게 공감적이고 이해적인 말을 하지 않는다. 당연하기 때문이다. 자신을 위해 당연히 해야 하는 과정인데 꼭 그렇게 공감해 줘야 하느냐고 질문하기도 한다.

아이들에게는 동기부여가 필요하다.

부모들 성장할 때는 당연히 해야 하는 사회구조였다면 지금은 부모의 말 한마디가, 어른들의 말 한마디가 아이들이 미래를 준비하는 것에 큰 동기가 된다.

학생이니까 공부는 당연히 해야 하고, 학교도 당연히 등교하는 것이 맞다. 그러나 스스로 독립된 사고로 선택과 집중을 할 수 있도록 멘토가 되어 주는 것을 제안해 본다.

부모들이 아이들이 해야 하는 것까지 끌어 주려고 하면 할수록 아이들은 스스로 하려는 독립적인 사고가 상실될 수 있다. 아이들 스스로 선택과 결정하고 책임도 질 수 있는 훈련이 필요하다. 그래야 자율성과 유연성이 연대감으로 확장되어 건강한 사회인이 될 수 있다.

부모님이 자녀를 사랑하는 최고의 방법은 "기다림"이다.

부모들도 그동안 살아온 자신의 삶에 만족하지 않을 수 있다. 그렇기 때문에 아이에게는 자신들의 인생에서 후회되는 부분을 더 보강해 주고 싶을 것이다.

때론 부모들은 "우리 아이에게 문제가 있는 것 같은데 알 수 없어요." 어떻게 해야 아이가 부모의 말을 잘 들을 수 있는지 방법을 가르쳐 달라고 요청하기도 한다.

가장 좋은 방법은 들어 주는 것이다.

자녀가 어떤 말을 해도 중간, 중간 부모 생각을 말하지 말고 끝까지 들어 주는 것이다.

"아이가 말을 해야 말을 듣죠?"

"아이 얼굴을 봐야 말을 들어 주죠?"라는 부모도 있다.

그래도 꾸준히 아이가 스스로 말할 수 있는 분위기 조성과 아이의 눈높이에서 짧은 질문법을 이용한 말과 함께 들어 주는 훈련과 노력이 필요한 것이다.

아이를 바꾸기 위해 반복적으로 말한다면 아이들은 집중하지 않고 반항으로 대응하기도 한다. 그래서 '하지 마'라는 부정적인 대화 방식과 반복적인 말은 사용하지 않는 것이 좋다.

"하지 마!", "엄마가 하지 말라고 했지?"라는 방식의 말은 별 의미가 없다.

진짜 좋은 부모가 되려면 부부가 먼저 들어 주는 방식으로 대화를 바꿔야 한다.

부모가 서로 상호작용이 잘 되면 아이들은 가정이 안전하다는 것을 느끼며 건강하게 자기표현을 하게 될 것이다.

즉 가정이 건강하게 잘 세워져야 아이들은 안심하고 집에 들어가고 싶어지고 밖에 친구들이 아니어도 집에서 충분히 행복을 느낄 수 있다. 하지만 가정이 불편하거나 불안정하면 아이들은 집에 들어가기 싫어한다.

오히려 밖에서 친구들을 통해 만족을 얻으려 한다.

그렇게 세상 속으로 깊이 빠져들게 된다.

너무 깊게 빠져들게 되면 다시 제자리로 돌아오기 어려워지거나 아예 나오는 방법을 찾을 수 없게 될 수 있다.

그러기 전에 반드시 부모가 먼저 서로 존중해 주는 훈련이 필요하다.

요즘 아이들이 가정 폭력으로 신고하는 경우들이 늘어나고 있다. 아이는 심각한 위기를 느끼기 때문에 경찰 도움을 받고자 신고하는 것이다. 신고를 받은 부모는 아이에게 실망할 수 있지만 신고를 당했기 때문에 분리되어 살아야 한다.

이럴 때 부모의 잘못된 생각과 마음을 피드백 하는 시간을 갖고 수정해 보는 것도 좋은 기회이다. 부모들도 잃어버린 자신을 스스로 발견하고 알아차림이 필요하다. 아이들은 자신의 부정적인 모습의 원인이 무엇인지 잘 모른다. 단 부모 때문이라고 탓으로 돌리곤 한다.

사춘기가 되면서부터 부모 말은 듣기 싫어하고, 짜증은 많아지고, 방에서 나오지 않으려 하고, 밖으로 나가려고 한다.

사실 아이들은 우리 가정이 매일 싸우고, 자신에게 강요만 하는 곳이라고 말한다. 어떤 아이가 나무를 그려 보라고 하니까 '돈

나무'를 그린 것이다. 아이에게 물어보니 "우리 집은 매일 돈 때문에 싸워요. 그래서 돈나무가 있으면 싸우지 않을 것 같아서 그렸어요." 아이의 부모에게 물어보았다. "가정에서 돈이야기를 많이 하나 봐요?" 집을 장만할 때 대출받아서 아껴 쓰자고 말한 건데 아이는 큰 갈등으로 받아들인 것이라고 한다. 이렇듯 아이들은 가정에서 작은 갈등이라도 크게 받아들일 수 있다.

아이들이 성장하며, 부모가 서로 갈등하는 것을 경험하게 된다면 아이의 정서는 부정적인 정서가 인지되어 모든 관계적인 부분에서 왜곡할 수 있고 부정적인 행동을 할 수 있다.

그럴 때 부모는 "네가 어떻게 그럴 수 있어?", "왜 그렇게 행동하는 거니?"라는 부정적인 질문을 사용한다면 자녀는 더 반항적으로 변할 수 있다. 그런 때에도 자녀의 말을 먼저 들어 보는 것이 중요하다.

그래야 아이는 자신이 무엇을 잘못했는지 반추해 볼 수 있고 반복적인 말이나 행동을 멈출 수 있다. 이때 조심해야 할 것은 반드시 부정적인 감정이 섞인 말은 사용하지 않는 것이 좋으며 질문법을 사용해 보는 것도 좋다. 아이 스스로 자신의 생각을 정리할 수 있는 시간을 갖도록 해야 한다.

잘못을 추궁하는 것 같은 말을 하거나, '너도 무엇인가 실수한 것은 없어?'라는 식의 질문은 대화가 단절될 수 있다.

무조건 편들어 주는 것 또한 좋지 않다.

유야무야 넘어 가는 것도 좋지 않은 방법이다.

아이들이 잘잘못을 알아차릴 수 없게 될 수 있다.

또한 "너는 지난번에도 그러더니 또 그러느냐?"라고 과거를 다시 말하며 알아차리도록 알려 주고자 하는 것은 아이가 오히려 반항으로 맞설 수 있다. 아이들은 과거의 잘못은 잊고 현재 일어난 잘못만 말하길 원한다. 하지만 부모는 아이가 반복적으로 잘못했기 때문에, "왜 또 그랬어! 너 정말 왜 그러니?"라는 말을 싫어한다. 이런 자녀에게 어떻게 말해야 하는지 너무 힘들다고 말한다. 이렇듯 자녀가 사춘기에 이르게 되면 유독 부모들과 갈등이 많아진다.

그래도 부모는 자녀를 믿어 주려고 하는 연습이 필요한 것이다. 아이들은 사춘기 이전과 이후가 정말 다르다.

말도 잘 듣고 공부도 잘했던 아이가 사춘기가 되면서 완전히 다른 아이로 변하여 자신이 왜 그러는지 모를 수 있다.

부모들은 대부분 초등 저학년 때는 그러지 않았는데 4-5학년부터 아이가 조금씩 바뀌기 시작했다고 한다.

부모도 아동기와 청소년 때의 다른 점이 이해되지 않을 수 있다. 아이들은 지금 성장통을 겪고 있는 것이다.

이때 가장 중요한 것은 건강한 정서로 감정을 사용할 수 있도록 지지해 줘야 한다. 이미 변해 있는 자녀를 바라보는 부모도 힘들지만 자녀도 힘들 수 있다.

아이들은 말도 욕으로 시작하여 욕으로 끝난다.

어른들이 알 수 없는 말과 표현 들을 사용하기도 한다.

어떤 말이 폭력이 되고 어떤 행동이 폭력인지 잘 모를 수 있다. 아직 미성숙하기 때문에 분별할 수 없는 것이다.

아이를 출산할 때 고통스러운 엄마가 있다면 아이도 죽음의 고통을 경험하며 세상에 나온다.

그렇게 세상에 나왔지만 아이는 부모가 아니면 살아갈 수 없다, 그 힘든 세상을 건강한 부모가 있기에 살아갈 수 있는 것이다.

집을 벗어나고 싶어 하는 아이

가정을 거부하는 청소년들이 많은 편이다.

아이들의 얘기를 들어주다 보면 '이 얘기가 진짜인가?'라는 생각이 들 정도로 믿어지지 않을 때가 있다.

"아버지가 재혼을 네 번이나 했어요."

친엄마는 아이가 4살쯤 유방암으로 돌아가셨고 그 이후 아이는 이 사람 저 사람에게 도움을 받으며 키워졌고 돌봄을 해 줄 사람이 없을 때는 혼자 집에 있어야 했으며, 때론 아버지가 중간중간에 와서 밥을 주고 다시 회사에 가거나 아니면 아버지가 회사에 데리고 가서 놀게 하고 아버지는 일하고 함께 집으로 온 적이 있다고 한다. 아이도 고생했지만 아버지도 많이 고생하셨을 것 같다.

아버지도 너무 힘들다 보니 처음 재혼하여 아이는 그런대로 안정적으로 양육되어 살았는데 무슨 일인지 엄마라고 따랐던 새엄마는 초등학교 2학년 때 이혼하시고 말없이 아이 곁에서 떠나셨단다. 그 후 아이는 혼자 있는 시간이 많아졌고 아이 양육을 위해서 다시 재혼하셨는데 4학년 때 이혼하셨단다. 이렇게 반복되는 일이 중2까지 계속되었단다.

그동안 아이는 엄마라고 말하며 애착을 느꼈던 분들과 헤어지는 아픔을 겪으며 정서적으로 안정성을 잃어버리고 살았다. 아버지는 아이가 중3 때 다시 재혼하셔서 고3인 현재까지 함께 살고 있다고 하며 다행히 기숙사 학교에 들어가 일주일에 한 번 집에 간다고 했다. 매주 금요일 저녁에 집에 가면 거실로 나와 함께 지내자고 새엄마는 계속 말을 한다고 했다. 이미 엄마와의 이별을 너무 많이 겪으며 살다 보니 더 이상 상처 받고 싶지 않다고 했다. 그래서 거실에 나가는 것이 싫을 뿐인데 새엄마와 아빠는 아이 마음도 모른 채 계속 거실로 나오라고 한다고 하여 아이는 아이대로 더 완강하게 거실로 나가는 것을 거부한다고 했다.

어느 날 새엄마는 아이가 밖으로 나오지 않는다고 하며 어떻게 하면 밖으로 나올 수 있느냐고, 도움을 요청해 왔다.

거실로 나오지 않는 이유가 있다고 한다.

아이가 성인 만화를 보고 음란 동영상을 보고 있다고 하며 심히 걱정된다고 하며 도움을 요청한다.

아이와 그렇게 처음 만나기 시작했다.

아버지는 새엄마에게 아이에 대한 모든 것을 맡기고 전혀 상관하지 않는다고 한다.

새엄마는 중2 여자 동생을 데리고 재혼했는데 아들이 여동생을 성추행도 했다고 하며 아이가 성적인 만화를 너무 많이 보고 정말 큰일이라고 말한다. 자신도 공황 장애를 겪고 있다고 하며 아이가 빠르게 회복되기를 요청했다. 새엄마는 아이를 데리고 올 때마다 쉬지 않고 자신의 얘기를 하며 아이가 빨리 치료되었으면 좋겠다고 재촉하기도 했다.

아이와 상담해 보니 새엄마의 생각과 정반대로 아이는 이제 상처를 받고 싶지 않다고 하며 집에 오면 혼자 있고 싶다고 한다. 새엄마에게는 중2 여자아이도 있어서 거실로 나와 있는 것이 불편하고, 말을 시키는 새엄마도 싫다고 했다.

빨리 졸업하고 독립했으면 좋겠다고 한다.

아버지는 이제는 이혼하지 않겠다고 하며 현재의 아내가 데리고 온 자녀를 더 중요하게 여긴다고도 했다. 오히려 아들 보는 앞에서 아내가 데리고 들어온 딸에게 더 잘해 주는 경우도 많았다고 말한다.

아이는 자신의 얘기를 잘 들어 줘서 고맙다고 인사하며 학교 기숙사에서 집에 오고 싶지 않다는 말을 반복적으로 말한다. '얼마나 힘들면 그럴까?' 아이가 많이 안쓰러웠다.

아이와 만나며 겨울 방학이 지나고 학교로 복귀하여 토요일에 아이의 말은 계속 이어졌다.

나름 아이는 가족과 소통하고자 노력했다.

그렇게 적응해 가는 것 같았지만, 여름 방학이 되어 아이는 집으로 가지 않고 단기 쉼터로 가 버렸다.

집에 가기 싫다는 것이다.

몇 번 어떻게 하면 집에 가지 않을 수 있느냐고 묻기도 했지만 아이가 이렇게 행동할 줄 예상하지 못했다.

아이가 스스로 책임질 수 있는 선택을 한 것이다.

언제 이혼할지 모르는 새엄마에게 정들고 싶지 않다고 한다.

아빠에 대한 신뢰도 없어졌다고 한다.

아이가 선택한 이상 쉼터는 아이를 보호해야 하는 의무가 있다. 쉼터에서는 아이의 말을 다 들어 주고 수용해 주며 아이의 결정에 따라준 것이다. 부모가 쉼터로 찾아가도 아이가 만나기 싫다고 하면 내보내지 않았다.

부모는 어떻게 그럴 수 있냐고 아우성을 친다.

집이 그만큼 싫다는 것이다.

그동안 상담하며 아이가 이렇게 결정하도록 만들었냐고 묻는다. 물론 이해한다. 하지만 아이가 강하게 거부하면 아이의 말을 들어 줄 수밖에 없다. 쉼터에서는 아이 의사에 따라 상담을 계속해 달라고 요청해 왔다. 아이를 다시 만나 말을 들어 보니 아빠에 대한 원망과 분노, 그리고 실망감이 가득했고 그동안 자신의 마음을 표현하지 못하고 살아왔던 것을 이제 독립이라는 것을 준비하고자 한다고 한다. 지금은 아이 마음 안에 맺혔던 감정을 쏟아놓을 정도로 에너지가 만들어진 것이다. 그동안 한 번도 자기표현을 하지 못하고 계속 통제만 당하며 살았던 아이 안에 있는 내면의 똥들이 없어지며 자기표현을 하게 된 것이다.

처음으로 반항하고 있는 것이다.

지금은 그런 시간도 필요함을 말해 주며 극단적으로 말없이 독립하는 것은 잘못된 방법이라고 조언해 준다.

앞으로 어떻게 할 건지 아이의 계획을 들어 보았다.

쉼터에서 한 달간 단기로 있다가 다시 학교로 돌아가 남은 한 학기를 잘 다닌 후에 대학도 들어가고 알바도 하며 독립하고 싶다고 한다.

그럼 일주일에 한 번 기숙사에서 나와야 하는데 어떻게 할 건지 물어보니 친구네 집에서 2일은 살 수 있다고 한다.

아이 나름 계획을 세우고 준비하고 쉼터로 간 것이다.

아이는 아빠가 사는 인생이 이해되지 않지만 이제 미워하지 않을 거라고 하며 지금 계신 아줌마와 끝까지 잘 살기를 응원한다고 한다.

아이 입장에서 밖으로 나올 수 없는 이유를 물어보고 이해하고자 노력해 주었더라면 아이는 서서히 적응해 나갔을 것이다. 이제 거실이 아닌 아주 밖으로 나가 버린 것이다.

아빠는 새엄마가 네 번이나 바뀌었음에도 자녀에게 설명한 적도 동의를 구하지 않았다.

어느 날 너의 엄마니까 잘 지내라고 하는 말 한마디가 전부이었다고 한다. 아빠가 그럴 때마다 엄마의 사랑이 그리웠던 아이는 마음을 다 주며 잘 지내 보려고 애쓰고 살았지만 이제는 그렇게 살고 싶지 않다고 한다. 그런데 이번 새엄마는 자꾸 거실로 나오라고 해서 정말 싫다고 표현해도, 계속 반복적으로 요청하고 아빠에게도 많이 혼이 났었다고 한다.

자녀는 회복되며 자신감이 생기고 자신의 표현을 당당하게 하게 된 것이다.

새엄마는 나름 아이와 잘 지내 보려고 노력했지만 아이는 그것이 너무 부담스럽고 특히 아버지가 들어오는 시간만 되면 아이가 방에서 더 나오려 하지 않는다고 고자질하는 소리가 정말 싫다고 호소도 한다.

아이는 하루빨리 독립해서 살아야겠다는 마음이 강력하게 들었다고 하며 그동안은 어떻게든지 아버지 옆에 붙어살아야 한다는 생각으로 살았다고 한다. 이제 고3 한 학기만 보내면 스스로 독립할 수 있다고 말하며 독립하면 부모님의 도움을 받지 않고도 살아갈 수 있기에 눈치 보지 않고 살 수 있을 것 같다며 웃는다.

아이는 그동안 용돈 받은 것을 쓰지 않고 저축해서 방 얻을 정도의 돈을 마련해 놓았고 장학금을 받으며 대학생활도 하고 어떻게 생활비를 마련할 것인지에 대해서도 많은 것을 준비하고 있었다.

아이는 아버지의 인생을 보며 늘 생각이 복잡했는데 이젠 생각을 정리하고 싶다고 표현한다. 너무 감사한 것은 아버지는 그동안 학비를 주었고 용돈도 주었고 경제적으로는 참 고마운 분이지만 내가 얼마나 힘든지 모르는 분이라고 한다.

아이는 묻는다. "그래도 제가 집에 들어가야 한다고 생각하시나요?" 선택은 스스로 한 것이지만 정말 독립하고 싶다면 건강한 방법으로 독립을 준비하는 것은 어떠냐고 조언해 본다. 아이는 독립해서 스스로 살아가고 싶은 의지가 강했다.

아이가 말한 대로 아버지의 태도는 반드시 수정되어야 한다.

나는 아이의 고민을 들으며 '부모의 역할'이 얼마나 중요한지를 한 번 더 생각해 보게 되었다.

부부 상담과 부모 교육을 하며 아이 앞에서 큰소리치며 싸우지 말고 대화하는 방법을 찾아 보라고 조언해 준다.

부모의 생각과 행동이 다 맞는 것이 아님을 전하며 아이에게도 설명하고 동의도 구하고 생각해 볼 수 있는 기회를 주어야 함도 말해 준다.

가정이 불안하면 자녀들은 더 불안하고 더 사회적으로 위축될 수 있으니, 어린 나이에 부정적인 경험들이 사춘기를 지내며 여러 문제 사안이 발생할 수 있음도 알려 준다.

자녀들이 언젠가 인생의 힘듦과 어려움의 원인을 다 엄마 아빠 때문이라고 아우성친다면 어떨까?

부부 싸움은 갈등의 연속이기에 갈등의 원인이 한번 쌓이기 시작하면 회복하기 어려워짐을 강조하며 서로 부정적인 감정이 깊어지지 않도록 노력해야 할 것이다.

만약에 아이를 생각하는 좋은 부모라면 싸움의 원인을 서로 만들지 말아야 할 것이다.

아이를 위해 우리는 안방에서 싸워요. "안방에서 싸우면 아이는 모를까요?"라고 질문하면 "그래도 거실에서 큰소리치며 싸우는 것보다 더 낫지 않을까요?"라고 대답하는 부부도 있다. 아이와 얘기하다 보면 "우리 엄마 아빠가 제발 싸우지 않았으면 좋겠어요." "너무 무서워요." "엄마가 참았으면 좋겠어요." 하고 하며 눈물을 흘린다.

"엄마가 참으면 괜찮을 것 같은 거야?" "네."

"아빠가 술 먹고 큰소리칠 때 아빠가 그러다가 잘 때까지 가만히 있으면 싸움 나지 않을 것 같아요. 싸우지 말라고 해도 계속 싸워서 너무 힘들어요." 아이 마음이 느껴지나요?

9살 된 아이가 엄마와 대화하다가 갑자기 망치를 들고 와서 거실에 있는 텔레비전을 부수고 물건을 던지는 행동이 보여 너무 놀라 엄마는 경찰서에 도움받고자 신고했다. 경찰은 아이를 긴급으로 정신병원에 입원시켰다. 어린아이 때부터 아이는 늘 엄마에게 아빠가 화를 내거나 욱할 때 엄마를 잡아끌며 하지 말라고 했다고 한다. 하지만 엄마는 아빠가 그럴 때마다 억울함 때문인지 계속 싸움하는 모습을 보고 성장했다. 부모의 가정 폭력은 고스란히 아이에게 역기능적인 부정정서를 만들어 낸 것이다.

가족이라는 공동체 안에 부부만 있는 것은 아니다.

부부와 자녀들로 구성되어 있는 가족 모델은 하나님께서 디자인해 주신 공동체임을 알아야 한다.

하지만 점점 사회적으로 변화가 일어나면서 가족의 소중함과 관계가 깨지고 있다.

이혼이라는 단어를 너무 쉽게 말하고 서로 책임지지 않는다.

가정은 두 가지 언약이 교차되어야 하는 곳이다.

즉 남편과 아내의 수평적 언약과 부모와 자녀 간에 수직적 언약이다.

역기능적인 가정이라고 말할 때 언약적 사랑의 결속, 특히 부모와 자녀 사이의 결속이 손상을 입거나 깨어진 상황을 말한다.

이런 가정에서 자녀들이 겪어야 하는 것은 어른들이 생각하는 것보다 마음의 파장은 표현할 수 없을 만큼 크다. 자녀들은 '나는 누구와 살아야 하나?'라는 엄청난 토네이도와 같은 충격을 얻게 된다. 이런 가정에서 부모와 자녀 간의 회복은 무엇일까? 자녀를 키우고 있는 사람들에 대해 균형 있는 시각을 갖는 것이다. 자신의 눈에 깔려 있는 베일을 벗고 과거에 있었던 것은 접어 두고 지금, 여기, 나로 있는 그대로 바라볼 필요가 있다.

어느 날 한 아이

어릴 때부터 강한 통제 가운데 양육 받았던 남자 청소년이 사춘기가 되면서 여자 화장실을 기웃거리고 들어가는 행동을 하여 신고되어 경찰조사와 함께 법원 재판을 받고 본 기관에서 교육받았던 친구가 또 신고되어 변호사의 도움을 받으며 성교육과 상담이 필요하다고 하여 만나 보았다.

아이를 만나 보니 1년 전에 본 기관에서 공연음란죄로 재범방지를 위해 교육 받았던 아이였다. 또 재범한 것이다.

본 기관에서 재범방지를 위한 교육을 받은 청소년 중 재범한 아이는 없다.

아이의 말을 들으며 놀라운 것은 부모의 행동이었다. 아이 말이 진짜인지 의심될 지경이었다. 왜곡의 가능성이 있다는 것을 배제할 수 없었다.

아이가 왜 재범했는지 원인을 찾다 보니 아버지의 말투와 행동, 엄마의 극심한 불안으로 아이를 감시하는 양육 태도는 정말 있을 수 없는 행동들이다.

아이는 그동안 자신에게 했던 부모의 행동으로 죽으려고도 했고 실제 집에서 떨어져 자살하려다가 큰 부상으로 장기간 병원

치료도 받았었다고 한다.

처음 여성 화장실을 기웃거리다가 신고되었을 때 아버지는 아들에게 저 범죄자 새끼, 너는 얼굴도 범죄자 새끼처럼 생겼다면서 온갖 폭언을 하고, 사용하던 노트북도 부수고, 그 와중에 엄마도 아이를 계속 감시했다고 한다. 범죄를 한 아이를 혼내주고자 했을 거라고 생각은 했다. 하지만 너무 심하게 폭력하고 있는 것은 훈육이 아니다. 이것은 엄청난 가정 폭력 피해자인 것이다. 결국 가정 폭력 피해자로서 생긴 도피성 범죄일 확률이 큰 것이다.

'그동안 아이는 어떻게 살아온 것일까?'

아이는 부모에 대한 엄청난 분노가 내재화되어 있었다.

그러면서도 부모에게 인정받고 싶은 아이는 아빠에게 아침마다 뽀뽀도 하고 궁금한 것을 물어보는 행동을 하지만 아빠는 범죄했다는 이유로 전혀 받아 주지 않았다.

얼마나 두렵고 무서우면 아이가 반응 없는 아빠에게 뽀뽀를 하는 것일까? 아이 말이 사실이라면 엄청난 문제일 것이다.

어떻게 이런 일들이 가정에서 일어나고 있단 말인가?

부모에게 확인할 필요가 있었다.

아이가 재범을 막으려면 부모 교육도 해야 했다.

아빠는 처음부터 못마땅하다는 듯이 비협조적이다.

아들이 잘못된 것은 모두 엄마 때문이라고 한다.

엄마 역시 아빠가 욱하는 것과 불같은 성격 때문이라고 하며 서로 탓만 한다. 중재하며 큰아들에게 했던 행동들이 모두 사실이냐고 질문했을 때 사실이라고 한다.

아들 안에 부모에 대한 분노가 가득한 것도 알고 있냐고 질문하니 알고 있다고 한다.

아들이 왜 재범하는지도 알고 있느냐고 질문했을 때만 서로가 상대방 문제라고 했던 것이냐고 질문했을 때도 그렇다고 한다. 어떻게 그럴 수 있냐고 질문하니 엄마는 남편이 아들에게 화내는 것을 막고자 계속 반복해서 말했고 아들이 게임 할 때도 아빠에게 혼날까 봐, 반복적으로 말했다고 한다. 또한 아이가 유치원에 다닐 때도 항상 조심하라고 말하며 함께 다녔다고 하며 사춘기가 되어서도 계속 함께 다니면서 아빠에게 혼나지 않게 보호했다는 것이다.

부모의 말을 들으며 이해할 수 없었다고 한다.

아이의 말이 모두 사실이었다.

이런 상황 속에서 아이는 여성 화장실에 들어간 것이다.

물론 잘못된 행동이라는 것을 알지만 그렇게 해서라도 엄마의 눈에서 벗어나고 싶었을 것이다.

이렇게 네 번째 여자 화장실에 들어가서 다시 신고당한 것이다. 부모는 양육 문제로 서로 수정해야 한다고 하며 부부갈등을 벌이고 이혼해야 끝난다고 아이들에게 불안을 조성해 왔었다. 이런 부모의 모습을 오랜 시간 보고 자란 자녀들은 가정은 불편한 곳이라 생각할 수 있다.

가정이 안전하지 않고 집에 있는 것이 불안했다고 하며 학원 끝나고 나면 축구하며 새벽에 들어오곤 했다고 한다. 집에 들어가려고 하면 극심한 불안과 함께 자신도 모르게 여자 화장실 앞에서 어슬렁거린 적이 여러 번 있었다는 것이다.

큰아들의 성범죄는 부모가 변해야 끝이 날 수 있을 것 같다. 집에 들어가는 것이 그렇게 불편한데 어찌 정상적인 생활을 할 수 있었을까?

아이는 자신도 모르게 돌출 행동을 계속한 것이다.

아이는 불안하다. 자신의 잘못도 인정하고 있다.

부모와 상담하며 "어떻게 자녀에게 범죄자 새끼라는 말을 하고 노트북을 박살 내고 폭력적 행동을 하셨느냐?"라고 물으니 "그렇게 해야 정신 차릴 것 같았어요."

"혹시 아이가 부모의 소유물이라고 생각하고 있나요?

부모가 변하지 않으면 아이는 재범을 또 할 수 있어요.

재범은 아이 문제만이 아닙니다.

만약 부모와 아이가 서로 역지사지로 생각해 보세요.

부모는 범죄 하지 않는다고 확신할 수 있나요?

물론 잘못 했으니 훈육할 수 있어요.”

하지만 어린아이 때부터 계속 같은 방식으로 양육했다면 반드시 수정되어야 한다.

아버지도 폭력 가정 환경에서 성장하여 자녀만큼은 잘 양육하고 싶어서 '좋은 아빠 되기', '건강한 양육법' 등 여러 프로그램의 참여 했었다고 한다.

하지만 자녀에게 적용하기 한계가 있었다고 하며 도움을 요청한다. 약 3개월 후 아버지가 자발적으로 가족상담을 신청하셨다. 아이가 또 재범을 했다는 것이다.

“선생님, 잘해 보려고 했는데 안 돼서 다시 왔어요!”라고 하며 웃는다. 그래서 온 가족이 한마음으로 함께 변해 보자고 마음먹고 온 것이라고 한다.

아버지의 용기에 감사하다고 인사를 하게 된다.

아버지는 부모 교육 후 분노를 내지 않고 그냥 대화로 하려고 노력을 많이 했었는데 아들은 또 여자 화장실을 기웃거리다가 신고당했다고 한다.

엄마는 아들이 또 신고당하다 보니 불안해 보였다. 오히려 당사자인 큰아들은 무덤덤해 보인다. 가족 상담을 하며 그동안 하지 못했던 말들도 털어놓으며 서로의 부족한 부분도 채워가고 잘못도 인정하며 방법도 찾아 적용하며 피드백하다 보니 아이들도 부모도 표정이 많이 밝아 보인다. 가족 규칙도 만들어 보고 거실에서 놀 수 있는 여유도 생겼다고 하니 감사하다. 엄마의 계속 반복되는 습관도 수정되어 가족 모두에게 여유가 느껴졌다. 건강한 가족 안전한 가정이 된 것이다. 아들의 재범은 이제 끝이 났다.

부모가 된다는 것

아주 멀리에서 상담받으러 오는 가족이 있다.

아이가 공부를 다 놓고 자퇴하려고 한다고 하며 절망적인 모습으로 찾아왔다.

아들은 "우리 엄마는 공부해야 좋은 대학에 들어갈 수 있고 좋은 직업을 선택할 수 있다고 반복적으로 계속 말해요.

그럴 때마다 잘하고 싶다가도 다 내려놓고 막 살고 싶어요.

저 말고 우리를 고쳐 주세요."라고 한다.

아들은 부모님이 내 마음을 조금이라도 알아주고 공감해 주었으면 좋겠다고 한다.

"엄마가 어디서 들었는지 정보를 갖고 말할 때마다 학교 가는 것이 너무 아깝다고 생각해요.

엄마가 말하는 방식으로 따라 하려면 자퇴하고 검정고시 치르고 대학 가면 되는데 왜 학교는 가야 한다고 하느냐!

열심히 하라고 응원해 주었으면 좋겠어요.

입시 정보는 학교에서 듣는 것으로 충분하거든요.

엄마는 내가 그렇게 말할 때마다 왜 그러느냐고 말해요.

고2인데 지금 공부하지 않으면 어떻게 하려고 하느냐!고 말하며 반복적으로 말하는데 정말 미쳐 버리겠어요.

엄마가 변하면 다시 공부할 수 있어요.

엄마가 그럴 때마다 밖에 나가 친구들과 술도 먹고 담배도 피우며 집에 늦게 들어와요.

내가 그러면 온 가족이 비상이거든요."

오히려 아들은 자신보다 엄마가 상담해야 한다고 요청한다.

부모님의 간섭은 오히려 아이가 공부를 놔버리고 쉬고 싶어 하는 이유가 될 수 있다.

예전에 비슷한 이유로 상담받고 가족 모두 좋아지고 아이가 원하는 대학에 입학하여 건강하게 학교 적응을 잘하고 있는 엄마의 소개로 방문했다고 한다.

아이와 부모의 말을 다 들어 보니 부모의 마음도 아이의 반항도 모두 이해가 된다.

하지만 엄마의 심한 걱정은 아이에게 있어서 심적 부담이 더 크게 느껴지게 할 수 있음을 말해 주며 부모도 아이도 인지 행동 수정이 필요함을 말해 주었다.

아이는 대체적으로 성적은 우수한 편이다.

하지만 앞이 보이지 않는 미래에 대한 두려움이 아이에게 높게 나타났다.

엄청난 부담이다. 아이는 그럴 수 있다.

부모는 아들의 상태를 모르고 정답을 말했었다.

공부만 하면 다 해결되는 것이 아닌데 왜 내 얘기를 들어 주지 않느냐고 반항하며 급기야 자퇴로 맞섰다고 한다.

그동안 공부로 억압받으며 살았고, 너무 지치고 무기력하여 더 이상 할 수 없다고 강한 반항을 한 것이다.

그동안 여러 번 말했음에도 불구하고 "그래 내가 너무 말이 많았지? 알았어!"라고 하고 계속 반복되었던 엄마에게 충격을 주고 싶었다고 한다.

부모는 자녀가 엄마의 말을 알아차리고 더 열심히 공부하는 모습으로 변화되길 원했을 것이다.

하지만 아이는 변하지 않았다. 더 무기력하고 둔감하게 행동했고 살아야 하기에 초강수를 두었다고 말한다.

"그동안 아들이 이렇게 힘들어하는 줄 몰랐어요.

당연히 학생이고 고2라서 시기를 놓치게 챙겨 준다고 말했는데 힘들었을 것 같아요. 얼굴 볼 때마다 말했거든요.”

이런 아들에게 사과하고 싶다고 한다.

“네 마음을 너무 몰라주었구나!

엄마는 당연히 그래야 한다고 생각했었어!!

정말 미안해!”

아이의 마음을 이제 부모도 알게 된 것이다.

드디어 아들이 마음을 열리기 시작했다.

빗장을 걸고 다시 열 것 같지 않은 아들의 마음이 열리게 된 것이다. 부모도 눈물을 흘리며 마음속 깊이 묻어 놨던 것을 말한다. 엄마는 이제야 아들의 마음을 알아차린다.

이처럼 부모의 “사과”는 꽁꽁 얼어붙은 아이의 마음을 녹이며 오픈할 수 있게 한다.

아들은 부모의 사과를 받아들이고 다시 학교도 가고 공부도 하고 술은 먹지 않을 수 있지만 금연 기다려달라고 요청한다. 지금은 정말 좋은 사이가 되어 공부도 더 열심히 하고 학교도 잘 다닌다고 한다.

건강한 부모가 된다는 것은 부모도 자녀에게 잘못한 것이 있다면 인정하고 사과할 수 있어야 한다. 부모는 벼슬이 아니다. 부모는 자녀를 마음대로 조정할 수 없다.

부모 마음대로 조정하고자 하는 것은 범죄라고 할 수 있다.

자녀는 부모의 소유물이 아니기 때문이다.

부모는 자녀 스스로 건강한 것을 선택하고 결정하고 결과까지 책임질 수 있도록 도움 주는 조력자라 할 수 있다.

그렇게 할 때 아이들이 자신의 삶을 반추하며 수정하며 건강한 내면의 에너지가 만들어질 수 있다.

건강한 에너지는 건강한 관계와 미래를 그려 나갈 수 있는 자원이 된다.

부모는 자녀의 인생에 건강한 롤 모델이 되어 주는 것이 좋은 가정교육이라 할 수 있다.

하지만 우리나라는 아직 유교 사상이 뿌리 깊게 남아 있어서 자녀는 부모 말이 당연히 옳다고 생각하여야 하고 순종해야 한다는 사고들이 자리 잡고 있다.

'부모 말을 들으면 자다가도 떡'이 나온다는 말도 있다.

아마도 부모의 말을 들으면 좋은 일이 생긴다는 뜻일 것이다. 이제 시대와 사회가 급속하게 변하고 있다.

이제 부모의 말이 옳다고 자녀들이 순종해야 한다는 생각의 틀에서 벗어나야 한다. 부모도 실수할 수 있고 잘못할 수도 있다. 자녀에게 부모라는 권위를 조금만 낮춰 보자.

우리가 자녀의 마음을 몰라주었던 것, 그동안 우리의 생각이 다 옳다고 주장했던 것, 자녀의 말을 들어 주지 못하고 자녀의 생각을 인정하지 못했던 것을 인정하고 사과할 수 있다면 가족은 더 아름다운 공동체가 될 것이다.

사과는 잘못한 것만 인정하는 것이 아니다. 옳은 소리라고 생각하며 말한 것도 인정해야 한다. 아이들은 어른이 아닌데 몸이 컸다고 생각도 어른처럼 하는 것은 아니다.

아이도 부모도 자신의 잘못된 행동을 인정하고 수정된다면 건강한 가정으로 거듭날 수 있다.

아이들의 말에는 대부분 욕으로 시작하여 욕으로 끝나는 경우가 많다. 하물며 부모에게 욕하고 막 말하는 경우들도 있다. 어떤 분이 "딸이 엄마에게 너무 욕을 하고 덤벼요."라고 한다.

사연을 들어 보니 "출생하고 1년 만에 직장에 복귀해야 해서 언니와 이모의 도움을 받아서 그런지 사춘기가 된 지금도 엄마의 껌딱지인데 자신의 감정을 숨기지 못하고 화나면 거칠게 욕도 대들어요. 그럴 때마다 너무 무서워요. 어떻게 해야 할지 모르겠어요."라고 호소한다. 이런 부모들이 종종 있다.

아이는 집보다 밖을 더 좋아하는 것 같다고 하며, "늘 집에 들어와야 하는 시간 때문에 다투게 되고, 아침에 학교 가야 하는 것 때문에 다투게 되고, 문제 있는 친구와 놀려고 하는 것으로 다투다 보니, 감정이 올라오면 서로 심한 욕을 하며 싸우게 되었어요. 그때부터 아이가 엄마에게 욕하고 있어요. 그것을 보고 있는 아빠가 그러는 것은 잘못되었다고 하는 것을 가지고도 아빠에게는 못하고 나에게만 욕하고 이혼하라고 하며 소리 지르고 난리가 아니에요."

엄마는 어릴 때 양육하지 못한 것을 후회하며 늘 딸에게 미안함이 있었다고 한다. 딸은 잘못한 것을 알아차릴 때마다 엄마에게 사과한다고 한다. 아이에게 불안정 애착이 있을 것이다. 사춘기가 되면서 혼란스러웠을 것이다.

사춘기 아이들은 대부분 집은 불안전하다고 느낀다.

마음대로 하고 싶은 충동성과 간섭을 받고 싶지 않은 자유분방과 무절제 때문이다.

아이들은 부모는 자신의 지지자가 아니라 잔소리만 하는 사람이라고 생각하고 어떤 좋은 말도 잔소리로 간주한다.

아이들은 부모는 정답만 말하고 결과만 요구한다고 한다.

우리 집은 대화도 되지 않고 모두가 핸드폰만 하고 있다고 하며 부모는 돈을 주는 역할로 여기고 싶은 것이다.

아이들이 심한 것이라 할 수 있다. 이렇게 힘들어하는 아이들이 일반적으로 생각하는 것보다 많다는 것이다.

건강한 부모의 역할이 절실히 필요하다.

방에서 나오지 않는 아들

자녀 나이가 40세라고 말하는 아버지가 오셔서 아들이 아무런 사회 활동도 하지 않고 방에서 게임만 한다고 말하며 '내가 이제 어떻게 해야 하느냐'고 울먹이며 말씀하신다.

그동안 여러 가지 방법으로 아들과 소통하려고 하지만 아들은 아직 방문을 열지 않고 있다고 한다. 분리해서 살아 보도록도 하고 인정도 해 보려 했지만 결국 아들은 게임중독자가 된 것 같다고 울먹인다.

아버지는 그야말로 FM으로 살아오신 한국의 전형적인 남자다. 책임감 강하고 성실하고 직장도 잘 다니고 임기를 다 마치고 은퇴하셨다.

하지만 40세 된 아들은 방에서 게임만 하고 밖으로 나오지 않고 있다며 답답하고 너무 한심하다고 토로하신다.

아버지의 말을 들으며 '얼마나 힘드셨을까? 얼마나 힘들면 아들 얘기를 하며 저리 슬피 우실까?'라고 생각하게 된다.

반면 딸은 공부를 너무 잘해서 우리나라 최고의 S대학 수의학과를 졸업하고 결혼도 잘해서 잘 살고 있다고 하며 "내가 딸과 아들을 너무 많이 비교하며 키운 것 같아요."라고 하며 후회와 반성이 가득하다.

내가 딸과 아들을 정말 많이 비교하긴 했나 봐요.

아들이 저러는 것은 나 때문인 것 같아요.

아들이 은둔자로 살아가는 이유가 너무 FM으로 살아온 자신 때문이라는 것이다.

"방에서 나오지 못하는 아들을 생각해 보셨을까요?

아들을 보는 아버지의 마음은 어떤가요?"

"미칠 것 같아요." "그러시군요. 많이 힘드시군요."

"은퇴하고 이젠 쉬어야지 했는데, 쉬지도 못하고 인생이 너무 슬퍼요! 저러다가 폐인이 될 것 같은" "불안하다는 거죠?" "네"

아들은 만난 적 있다.

누나의 이끌림에 어쩔 수 없는 동행이었다.

그때도 아들은 변화하지 않겠다고 마음먹었었다.

누구 좋으라고 자신이 바뀌어야 하냐고 말한 적 있다.

그때의 아들은 경계와 방어가 강했고 스스로 억압과 통제를 하고 있었다. 아들은 힘겨워하며 말한다.

"그동안 부모님 뜻에 맞춰 살아왔던 것이 너무 억울하고 슬픕니다. 제가 하고 싶은 것을 한 번도 해 본 적이 없습니다."

항상 누나보다 부족한 자신에 대한 부모의 평가는 부정적이고 비판적이었는데 이제 와서 어떻게 해야 할지 모르겠다고 하며 부모를 이해하고 싶지 않다고 했다.

'누구를 위해 내가 변해야 하느냐?'라고 묻는 아들의 마음이 이해되기도 했다.

"누구를 위해서가 아니라 자신을 위해 변해 보는 것은 어떨까요?" "아니요! 엄마 아빠가 먼저 변해야 할 것 같아요."

"부모가 바뀌면 저도 생각해 볼게요."라고 하며 돌아갔다.

한참 후에 부모들이 찾아온 것이다.

아버지가 아내의 이끌림에 온 것이다.

아내는 '우리가 먼저 서로 잘해야 아들도 좋아질 것 같아서' 왔다고 한다.

"아주 잘 오셨어요. 어머니가 그런 생각을 하셨다니 아들이 곧 좋아질 것 같아요." "이제 우리 차례인 것 같아요. 아들의 문제라고만 생각했던 것을 이제 우리의 문제라는 것을 조금이나마 알 것 같아요.

이제라도 서로 변했으면 좋겠어요. 아들보다 우리의 문제가 더 많은데, 그동안은 아들에게 문제 있다고 하며 아들에게만 바꿔야 한다고 했어요."

그동안 아들과 있었던 스토리를 하나하나 말하면서 그동안의 행동들을 후회한다고 한다.

그동안 아들에게 잘못했던 것, 수정하고 아들에게 미안하다고 말하고 싶어요."

아내의 말에 남편은 "이렇게까지 해야 하나요?

키워 주었으면 사회생활은 알아서 해야지, 저렇게 게임을 하며 부모 책임이라고 하면 어쩌라는 건지?" 한심해한다.

조금 전까지만 해도 아들 얘기하며 슬퍼했었는데 다시 논리적으로 바뀐 것이다. 내가 무엇을 그렇게 잘못했다고 그러냐고 하며 용서를 구하려면 너나 하라고 순식간에 욱한다.

남편은 아직 아내의 말에 이해할 수 없다는 표정이다.

아내에게 너무 조급하게 생각하지 말고 조금씩 아들과의 거리를 좁혀 가 보자고 말해 주었다.

"이제는 아들을 위해 무언가를 해야 한다고 생각하지 말고 부부만을 위해 행복하게 살아가는 방법을 찾아보는 것은 어때요?"라고 하며 욱했던 남편을 달래 본다. 남편은 다시 순해졌다. 그동안 아들의 행동에 대해 이해할 수 없어서 서로 대립 관계에 있었다고 한다. 지금이라도 좋은 관계로 살아가고 싶다고 하니 남편도 동의하신다. "너무 잘하셨어요.

곧 아들의 마음도 활짝 열려 질 수 있을 거예요."

부모는 그동안 대부분 자녀 탓만 한다.

비교당했던 아들은 어땠는지 생각하지 못했을 것이다.

방 밖으로 나오지 않는 아들을 보고 있었던 부모는 어떠했을까? 얼마나 불행한 일인가?

부모 자녀 사이 갈등의 원인을 알지 못하면 부정적으로 왜곡할 수 있으며 관계는 더 힘들어질 수 있다.

무엇 때문인지 정확히 파악하고 잘못된 부분은 서로 인정하고 사과할 수 있어야 한다.

부부 문제로 많은 분들이 도움을 요청해 온다.

이혼의 위기를 겪고 있지만 서로를 다시 알아가며 건강하게 살아가는 부부들도 많다.

부부 문제는 한 사람의 문제라고 말하기보다 함께 풀어 가는 것이 좋다. 서로를 탓하다 보면 계속 악순환이 되고 가정은 불안정해지게 되고 자녀들은 힘들어할 수 있다.

부부 문제는 자녀의 성격과 인성을 부정적으로 만들어 간다.

부부가 행복하면 가정도 행복해진다. 가정이 안정적이면 자녀로서 역할을 잘하게 된다. 결론은 부부가 건강해지기 시작하면 자녀도 건강하게 성장할 수 있다.

드디어 40년 동안 방에만 있던 자녀가 밖으로 나왔다고 한다. 너무 기쁘고 감사한 일이다.

어느 날 아들이 대화할 수 있는 시간이 되는지를 묻고 엄마에게 그동안 표현하지 못했던 말과 감정들을 토설하며 대성통곡하며 울고 엄마도 너무 미안해서 울며 서로 사과하는 시간이 있었다고 한다. 드디어 40년 동안 묵혀 놓은 감정 쓰레기를 청산하는 시간을 갖게 된 것이다. 꽁꽁 닫았던 마음의 빗장이 열린 것이다.

그 후 아들은 변했다. 말도 잘하고 아버지에게 서운했던 것도 풀며 부모와 사이가 좋아지고 있다는 것이다.

얼마나 기쁜 소식인가?

엄마는 아들을 자랑한다. "아들이 꼼꼼하게 손님을 대접하는 것을 보니 너무 기뻐요." "우리 아들이지만 너무 신기해요."

"그렇게 요리도 잘하고 손님 대접도 잘할 줄 정말 몰랐어요" 놀라운 발견이다.

"우리가 노력하고 있다 보니 아들도 노력하고 있어요."

부모는 아들을 알아 가는데, 아주 긴 시간이 걸렸다.

그렇다고 하더라도 너무 다행이다.

아마 아들은 부모가 모르는 더 많은 재능이 있을 것이다.

부모도 아들이 방에서 나오지 않는다는 것만 생각했지!!

아들이 잘하는 것이 무엇인지, 아들이 무엇을 원하는지,

이제야 조금 알게 된 것이다.

아들과 몇 시간을 말하며 우리가 무엇을 얼마나 잘못했는지 알게 되었어요? 앞으로도 아이의 생각과 마음을 대화로 잘 풀어 보겠다고 한다. 정말 상담받기를 잘했어요.

정말 기뻐요. 부모에게 경청이 얼마나 중요한지 다시 한번 부

탁드리고 부부 상담은 종결시켰다.

얼마 전 부모로부터 연락이 왔다.

"드디어 아들이 그동안 놨던 공부를 다시 시작해 본다고 했다면서 대학에 다시 들어가 공부한다고 하네요. 너무 기뻐요.

늦은 나이지만 자신이 하고 싶었던 공부를 하고 싶다고 하네요. 그동안 방에서 게임만 한다고 생각했는데 아들은 꾸준히 미래를 준비하고 있었어요. 선생님 감사합니다. 감사합니다." 수도 없이 인사한다. 부모가 변하면 자녀도 변한다.

부모처럼

오랜 시간 청소년들을 만나며 아이들이 왜 그렇게 행동할까?

왜 집에 들어가지 않으려고 하는지 궁금했었다.

여러 가지 이유가 있지만 가장 큰 이유는 갑작스럽게 변화하는 것을 받아들이지 못한 것이다. 자신도 받아들일 수 없는 성장 과정의 변화를 부모는 자녀의 행동들을 보며 사춘기 대의 일시적인 일탈로 가볍게 생각하고 있었을지 모른다.

하지만 아이들의 성장 과정의 생기는 문제는 부모와 가정에 있다. '그렇구나! 그랬었구나! 아이만 상담해서는 안 되는구나! 부모 역할이 중요하구나! 부모를 보며 아이들은 더 힘들어할 수 있고, 건강한 자아가 형성되지 않을 수도 있구나!

결국 부모가 변해야 아이도 변할 수 있겠구나!' 아이를 잘 키우고자 하는 부모와 기싸움이 팽팽하게 작동하는 것을 보며 '아이만 상담해서는 행동 수정이 어렵겠구나!' 그래서 부모 상담과 교육을 하게 되었다.

부모가 서로 불편하면 자녀는 더 불편하다. 아니 괴롭다.

아이들이 가끔 저는 엄마 아빠 싸우면서 이혼 얘기를 할 때마다 누구를 선택해야 하는지를 고민하게 돼요.

아이들의 그 말이 이해되었다.

"엄마 아빠 싸움은 이혼해야 끝나거든요?"라고 하며 씁쓸하게 웃는 아이들. 정말 그런 상황이 생기면 그때 자신에게 이득 되는 쪽을 선택한다고 한다. 이런 생각을 하는 아이들이 생각보다 많은 것 같다. 아이들과 대화하다 보면 불쑥불쑥 이해 안 되는 소리를 하곤 한다. "쌤, 우리 집은 콩가루예요."

"무슨 뜻이야!" "우리 집은 매일 조용한 날이 없어요.

엄마 아빠는 싸울 때마다 감정이 격해지고 소리 지르며 "이혼하자. 그래 이혼하자!"라는 소리를 자주 하거든요. 그때 나와 동생은 방에 가만히 있어요. 가끔 화살이 우리에게 향해 뭐라고 하거든요. 그렇구나! 속상하겠구나! 아니요. 이제 속상하지도 않아요. 그러려니 해요. 하루, 이틀인가요? 하지만 공부할 수는 없어요. 그래서 동생이 엄마 기분이 저기압인 것 같다고 하면 도서관에서 공부한다고 늦게 들어가려고 해요." 가정에서 이런 상황이 지속되면서 아이들은 불안정적인 마음을 갖게 된다. 아이들도 이런 상황을 나름 이겨 보고 싶어 한다. 그래서 충동적인 행동하게 된다. 어쩌면 그렇게 해서라도 부모의 관심을 받고 싶을 수도 있다.

어떤 아이가 절도를 자주 한다고 학교에서 기관에 도움을 요청했다. 아이를 만나 보니 모범적이고 성실해 보였으며 착해 보였다. '너 정말 절도했어?'라고 확인 할 정도로 아이는 순수해 보였다. 아이의 얘기를 들으며 너무 깜짝 놀랐다.

어떻게 절도하게 되었는지를 질문했을 때 아이는 "선생님, 우리 집은 너무 더러워요. 친구네 집에 가 보면 너무 깨끗한데 우리 집은 쓰레기장 같아요. 그래서 집에 있기 싫어요. 집에 들어가기 싫어요."

그래서 밖에 나와 놀다가 몇 번 친구 자전거를 빌려 타고 놀다가 자신도 모르게 타고 나중에 돌려주었다고도 하고 좋은 자전거가 눈에 띄면 자신도 모르게 갖고 싶다고 생각하며 가지고 오게 되었단다.

"엄마에게 자전거를 사 달라고 했지만… 돈 없다고 해서 저는 자전거가 없거든요. 그래서 나도 모르게….""그렇구나!" 아이는 집이 안전하지 않다고 말한다.

엄마는 엄마대로 힘들어하고 아빠는 아빠대로 힘들어하며 서로 미루며 계속 싸우다가 집이 어느새 쓰레기장이 된 것도 모르고 있는 것 같다고 한다. 이런 상황들이 아이에게 어떤 영향을 주고 있는지 아이가 어떤 마음인지 모른다고 한다.

아이들은 집이 안정적이지 못하면 답답하다고 하면서 밖으로 나가 집에 들어가지 않으려 할 수 있다. 아이는 시간을 생각하고 놀지 않는다. 부모는 아이가 나갔다가 들어왔는지 알지도 못할 것이다.

부모의 부정적인 감정싸움으로 아이들은 너무 힘들고 어려워한다. 부모는 자신들의 감정이 더 중요하다고 생각하며 갈등을 버릴 때 아이는 생각하지 않는다. 온갖 쓰레기 같은 말로 감정 에너지를 낭비하고 있다.

이런 상황 속에서 자녀에게만 잘하라고 한다면 말을 들을까?

"너는 왜 남의 물건을 가지고 오는 거야?"라고 물으면 "그렇게 해야 엄마가 사 주거든요!"라고 말한다. 이런 가정의 위기는 인류의 위기라고 할 수 있다.

부모를 만나 봐야 할 것 같았다.

엄마를 먼저 만났을 때 남편에 대한 부정적 감정과 그것을 몰라주는 원가족 엄마와 동생을 많이 미워했다.

자신의 억울함을 호소한다. 아이의 문제는 뒷전이고 자신의 힘들고 어려움을 토로한다. 얼마나 힘들면 그럴까? 모든 얘기를 다 들어 주고 비로소 아이 얘기를 하며 가정에서부터 수정이 필요하다고 전해 드렸다.

엄마는 맏딸로 엄마가 바쁘게 일하며 경제를 책임지고 있을 때 모든 것을 스스로 다 했고 엄마에게 칭찬 듣기 위해 엄마가 말하면 바로바로 했는데 엄마는 한 번도 칭찬해 주지 않았다고 한다. 엄마는 아빠가 경제적인 능력이 없다 보니 돈 벌어 오는 남편은 최고라고 하며 네가 무엇이 부족해서 그러느냐고 오히려 책망하셨다고 한다. 딸의 마음을 결혼해서도 알아주지 않았다고 하며 남편하고 한번 이혼하려고 별거했을 때 아이들이 시댁과 친정에서 컸다면서 미안하다고 한다.

그래서 남편이 잘하겠다고 하며 다시 합치자고 제안을 할 때 아이가 불쌍해서 별거를 청산하고 들어왔는데, 남편은 예전보다 더 부정적으로 변하여 재결합하고 생활비도 주지 않는다며 스스로 돈을 벌지 않으면 살 수 없고 집에 있으면 숨이 막혀 죽을 것 같아서 내가 먼저 살아야 한다고 생각해서 나가게 되면서 살림에 손을 놓아 버렸다고 하며 아이가 무슨 말을 하는지 알 것 같다고 한다.

엄마는 남편 생각하면 하고 싶지 않지만 아들들을 위해 앞으로 집도 청소하고 정리하겠다고 한다.

여전히 아이는 여전히 방임 중이다.

부모들은 원가족에서 해결되지 않은 미해결 과제를 결혼하며 해결 받고 싶은 것 같다. 그동안 살아오며 생긴 여러 가지 미해결 과제를 자녀에게 적용하지 않기를 부탁해 본다.

'정말 좋은 부모가 될 거야!'라고 다짐도 하지만 전보다 더한 방법으로 자녀를 양육하며 상처를 주기도 한다.

너무 좋은 부모가 되려고 하지 말라고 말해 준다.

하지만 수정되지 않는다. 원가족으로부터 학습된 것으로 만들어진 성격과 기질은 바뀌기 어렵다. 부모들은 자신 안에 문제가 있다는 것을 모른다. 원가족으로부터 도피하고자 결혼하기도 하기 때문이다. 사랑이라는 이름으로 결혼하여 살아도 원가족으로부터 생긴 미해결 과제는 무의식에 잠복 중이지, 없어진 것이 아니다.

부모를 만나고 아이들을 만나 사연을 듣다 보면 가정에서 받았던 상처는 자신 안에 부정적인 것으로 자리 잡게 되고 부정적인 마음은 자신의 인생을 긍정적으로 살고자 노력하지만 결국 부정적인 결과를 만들어 낼 뿐이다.

그렇게 원가정에서 학습된 부정적인 것들이 마음속에 삶의 운전자가 되어 부정적 방향으로 가도록 끌고 가기 때문이다. 이렇듯 가정에서 만들어진 부정적 정서는 자신도 모르게 반복적으로 나를 넘어트리고 좌절을 경험하게 한다.

부모들이 자주 하는 얘기 중에 "선생님! 제가 우리 엄마가 하던 것을 정말 따라 하기 싫었거든요, 그런데 지금 내 자녀에게 똑같이 하고 있어요. 정말 끔찍해요. 어떻게 해야 할까요?", "아버지처럼 하지 않겠다고 다짐하고 다짐했는데 내가 어느새 내 아이에게 아버지처럼 하고 있어요. 아버지처럼 술 먹고 가정 폭력을 하지 않겠다고 결심했는데, 어느새 내가 하고 있어요. 어떻게 해야 고칠 수 있을까요?" 정말 하지 않고 싶은데, 우리는 그렇게 원가족의 엄마처럼, 아빠처럼 자신도 모르게 행동하는 모습을 발견할 때마다 후회하고 아이에게 미안함을 느끼며 살아가게 된다.

건강한 부모가 된다는 것은 자신을 스스로 보는 훈련을 하는 것이다.

지속적으로 스스로에게 질문해 보는 훈련이 필요하다.

나를 찾는다는 것, '내가 누구인가?'를 반추하며 잃어버린 자신을 회복하는 것이 가장 중요하다.

'나'를 발견하는 훈련을 통해 대다수는 자신이 속했던 역기능적 역할 관계를 이해하게 된다.

자신의 과거, 신체적 학대, 성적 학대, 이혼 등과 같은 여러 가지 인지적 왜곡을 알아차릴 수 있게 된다.

얼마나 다행스러운 일인가? 그동안 수많은 사람들을 상담하면서 해결 방법으로 가장 시급한 것이 '나' 발견하기라는 사실을 알게 된다.

'나'를 발견하지 못한다면 평생 억울하게 살 수도 있으며, 왜곡된 상태로 살아갈 수 있기에 잃어버린 '나' 찾는 것이 중요하다.

우리는 대부분 **"나는 부모보다 더 잘할 수 있다."**라고 결단하며 집을 떠나게 된다.

불행하게도 '나'를 잃어버리고 가정을 떠나 새로운 가정을 만들어 간다면 내가 살아오면서 경험했던 것을 반복적으로 할 수 있다. 결국 오래전부터 학습된 것들이 우리 속에 아주 깊이 자리 잡고 있다는 것을 알아차리게 된다. 시간이 흐르고 성인이 되고서야 우리는 자신이 진정으로 집을 떠난 적은 한 번도 없다는 것을 깨닫게 된다.

많은 부분에서 우리는 점점 부모님의 복사판으로 살고 있음을 발견하게 된다. 같은 인생이라는 게임을 하며 다른 이름으로 살아갈 뿐이다.

즉 모두 "혼란 속에 길 잃은 동반자로 의존적인 유산의 산물"인 것이다.

우리가 바라는 것

모두가 워라밸의 삶을 꿈꾸며 살아간다. 이런 꿈들은 돈을 벌어야 하는 이유가 되고 열심히 노력하면 반드시 우리가 꿈꾸는 것들이 이루어질 수 있을 것이라는 망상으로 살아가게 한다. 하지만 열심히 일한 부모에게 아이들은 사춘기가 되면서 부모의 기대와는 달리 엄청난 충격을 가져다 주기도 한다. 그래서 다니던 회사도 그만두고 자녀를 위해 노력하는 엄마도 있고, 아이를 어떻게 할 수 없다고 하며 자신이 정해 놓은 일을 열심히 하는 분들도 있다. 어떤 것도 아이들은 좋아하지 않는다. 아이들은 이렇게 말한다. 자신들이 필요할 때는 없었고 필요 없다고 아우성칠 때는 일을 그만두고 참견하고 잔소리한다고 말한다.

아이들은 그냥 예전처럼 내버려두라는 것이다.

하지만 부모는 그럴 수 없다.

그렇게 반응하는 아이를 보며 후회와 미안한 마음으로 가득하다. 또한 "아이도 중요하지만 자신을 위해, 경제적인 것을 위해 미래의 워라밸을 위해, 열심히 일한 내가 무슨 죄가 있느냐?"라고 말하는 부모도 있다. 이해가 된다.

어떤 분들은 가정이 감옥, 지옥이라고 표현하기도 한다.

아이 양육을 위해 자신의 꿈도 포기하고 전업주부라는 이름으로 가정이라는 직장에서 근무하고 있지만 성취감도 없고 무료하다고 말하기 한다. 과연 내가 아이를 위해 이렇게까지 헌신해야 하는 것일까? 또 다른 보상 심리가 발동하게 된다. 아이라도 잘 커 준다면 괜찮은데 사춘기가 되면서 부모들은 막막해한다.

또한 스스로 마음의 문을 닫고 사람들과의 관계를 끊고 살아가는 엄마들도 있다.

누가 주 양육자가 되어야 하느냐?

누가 육아 휴직을 내야 하느냐?

이런 갈등으로 찾아오는 부부들도 있다.

이럴 때 자녀들은 눈치를 보며 우리 집은 답답하다고 말하며 밖이 더 좋고 친구들이 더 좋다고 한다. 진정한 워라밸을 꿈꾼다면 돈만 벌어서는 불가능하다. 가정과 부부가 자녀가 건강해야 경제적인 부분도 빛이 나는 것이다.

커리어우먼으로 살아간다는 것이 얼마나 힘든 일인지 대성통곡하는 분을 만나 보았다.

사춘기를 겪고 있는 아들로 너무 힘들어 삶을 포기하고 싶다고 한다. 중학생이 되면 학교를 가기 싫어한다고 한다.

어린아이부터 모든 것을 엄마가 허락해야 하고, 스스로 하지 않으려고 했다고 하면서 지금도 학교 결석이 30일이 넘어서 학업 숙려제 외에는 방법이 없다고 한다.

엄마는 아들에게 그것 또한 제시해 주려고 한다.

이제 엄마는 지쳤다. 아빠도 지쳤다.

아이가 선택할 차례라고 말해 주었다.

또 제시해 준다면 엄마와의 정서 분리는 이루어지지 않고 어른 되어서도 책임져야 할 것이다.

이제껏 엄마 불안으로 아이에게 방법을 제시한 것은 아닌지?

생각해 보자.

부모는 그렇다. 자식에게 좋은 것이라고 하면 다 해 주고 싶은 것이 사랑이라고 생각한다. 그러나 아니다. 그것이 아이를 망치는 길이다. 틀릴지라도 아이가 선택하고 결과도 책임질 수 있는 훈련이 필요하다. 처음에는 많은 오류가 있을 수 있다. 하지만 하면 할수록 오류를 최소화하기 위한 선택을 하게 된다.

좋은 부모는 자녀가 선택하고 오류를 범하더라도 기다려 주는 것이다. 부모가 선택해 주고 부모가 책임져야 한다고 생각하고 있기에 힘든 것이다. 아이들이 성장하여 스스로 할 수 없는 상태가 된다면 자신이 이렇게 된 것이 부모 때문이라고 원망 들을 수 있다. 자식 농사는 길게 봐야 한다.

이렇듯 가정에서부터 관계가 틀어지고 후회하는 사람들이 많다. 가정에서 관계가 틀어지면 사회 속에서도 좋은 관계는 이룰 수 없다. 가정은 사회의 축소판이기 때문이다.

좋은 관계

그렇다면 좋은 관계란 무엇인가? 소통이 있는 관계다.

관계는 가정에서부터 만들어 가야 한다. 거대한 사회의 축소 판인 가정에서 좋은 관계가 형성되지 않는다면 건강한 어른으로 살아갈 수 없다. 하지만 무엇이 좋은 관계인지 모르고 살아가고 가정이 참 많은 것 같다.

교육과 상담을 통해 부모들에게 말한다. "자녀들의 공부도 중요하지만, 아이들과 함께 여러 가지 경험을 함께 해 보는 것이 참 좋습니다." 캠핑도 좋지만 아이의 발달에 따라 경험할 수 있는 것을 함께 해 본다면 놀라운 일들이 생기게 될 것입니다. 물론 부모는 아이들을 위해 캠핑도 하지만 다양한 것을 경험해 보세요.라고 조언해 준다.

기관에 오는 아이들에게 주말에 무엇을 하는지 질문했을 때 "쌤 집에서는 게임을 못 하게 하는데 캠핑 가면 게임을 마음껏 할 수 있어서 따라가요."라고 말한다. 우리는 아이의 마음을 모를 수 있다.

부모는 자녀 위해 캠핑도 많이 가고 여행도 많이 갔다고 하지만 자녀 입장은 다를 수 있다.

즉 평소에 가정에서 대화가 없었다는 것이다.

소통이 무엇인지 모르고 살았다는 것이다.

소통은 경청과 반응이다.

경청은 모든 오해를 미연에 방지할 수 있다.

가정에서 가장 안 되는 것이 경청이다.

부모는 아이들을 가르쳐야 한다고 생각한다. 부부는 서로 마음에 안 드는 것을 바꾸려고 한다. 이렇게 바꾸려고 한다면 경청이 먼저 훈련되어야 한다.

경청의 초기 단계

1. 관심을 기울이기(잘 듣겠다는 마음)

2. 집중해서 듣기(상대방의 눈을 보며 듣는다.)

3. 질문하기(상대방의 말을 잘 들었다는 것을 다시 확인하는 단계)

4. 정확하게 표현하기(청소년들의 대화에서 가장 중요한 반응의 단계라 할 수 있다.)

경청은 반응이 중요하다.

경청한 후 "그렇구나! 그렇게 생각하고 있었구나! 아주 멋진 생각인데? 말해줘서 고마워! 어떻게 그런 생각을 하게 되었어? 너는 어떤 생각을 가지고 있어? 그래? 우리도 생각해 볼게, 말해 줘서 고마워." 등의 언어를 사용한다면 가족들은 스스로 자신의 문제를 알아차려 가게 될 것이다.

하지만 "엄마가 몇 번이나 말했는데 아직도 그래? 넌 정말! 왜 그렇게 말을 듣지 않는 거니? 너는 게임만 하니? 그래서 뭐가 될래?" 등등 주로 우리는 부정적 언어를 많이 사용한다.

인격을 깎아내리는 말들을 사용한다. 어쩌면 이런 말들이 더 자연스러웠을지 모른다. 어린 시절 가장 많이 들었던 욕이 "육시랄 년"이었다. 그때는 누구나 하는 욕이니까 그런가 보다 했다. 이 욕은 죽은 시체에게 가하는 형벌이라는 뜻이다. 이런 말들이 얼마나 부정적인 정서를 가져다주는지 모르고 사용했었다. 그만큼 우리의 정서는 부정적이라 할 수 있다. 부정적인 정서가 가득한 사회에서 어느 날 좋은 관계를 위해 "경청"이 매우 중요하다고 했던 것이다.

"경청"은 좋은 말이고 들어주는 것이라는 것을 알고 있을 뿐 실제로 실행되지 않고 있다. 이유야 어떠하든지 오늘부터라 실행하면 된다.

잃어버린 나를 찾기

경청은 나를 발견할 수 있다. 나를 먼저 알아차릴 수 있다.

알아차림이란 환경의 장에서 일어나는 중요한 내적·외적 사건들을 지각하고 체험하는 것이다. 다시 말해, 개체가 자신의 삶에서 현재 일어나고 있는 중요한 현상들을 방어하거나 피하지 않고 있는 그대로 지각하고 체험하는 행위로, 자신의 단편적인 지식의 조각들을 선명한 통합체인 게슈탈트를 통해 반추하며 통합의 과정을 가지는 훈련이다.

수용이란 자존감이다. 자신을 수용할 수 없다면 다른 사람도 수용할 수 없다. 어쩌면 우리는 자신은 없고 타인에 의해 움직이는 사람으로 살아가는 것은 아닌지 생각을 정리해 보자. 그동안 우리는 자신도 모르는 채 타인을 의식하는 삶을 살아왔을 수 있다. 그렇다 보니 번아웃 증세가 보일 수 있다.

어느 날 이유도 알 수 없는 우울증이나 불안증이 찾아오고 귀차니즘과 둔감해짐을 느끼게 된다. 이미 번 아웃 된 것도 알아차리지 못하고 아무것도 할 수 없을 때, 자신이 우울증과 정서적으로 지쳐 있음을 알게 된다.

그동안 자신이 누구인지 전혀 발견되지 않은 상태로 사회생활을 해 온 것이다. 나를 발견하지 못하면 번 아웃이 온 것도 감지하지 못한다. 번 아웃은 그대로 가정에 영향을 줄 수 있다. 가족 모두 힘들어할 수 있다. 결론은 다시 자신을 발견해야 세상을 더 당당하게 살아갈 수 있게 된다.

부모가 나 발견하기가 되지 못한다면 가정에서 아이들에게도 나쁜 영향을 줄 수 있다. 내가 힘들면 집에서도 나쁜 어른이 된다. 만만한 대상이 자녀들이 된다. 자녀에게 공부라는 것으로 시작한다. 자녀는 잘하고 있는데 부모 안에 있는 부정적인 시각으로 말하게 되고 짜증 내며 표출한다. 이것이 가정 폭력의 원인과 동기가 된다. 부부싸움도 그렇다. 자신을 잃은 것이다. 자신이 누구인지 모르는 것이다. 그것을 상대방 탓이라고 말하는 것이 폭력의 시작이다.

문제아라고 말하는 아이들

모든 문제의 원인은 가정과 부모에게 있다.

가정에서 정서적 폭력은 부모가 주원인 제공자라 할 수 있다. 가정 폭력은 관계를 깨트리고 가정의 중요성을 망가트린다. 가정 폭력으로 아이들은 점점 자신을 잃고 사회에 나가서도 위축과 긴장으로 '찐따'가 되어 살아가게 된다.

또한 가정에서 당한 것을, 밖에서 자신과 같은 아이나 사람에게 표출하면서 나는 강한 사람이라고 드러내고 싶어 한다.

나는 강한 사람이니까 나를 건드리지 말라는 것이다.

가정 폭력은 학교폭력과 연결된다.

부모가 자신을 잃어버리고 살아가다 보니 자녀도 자신을 잃어버리고 살아가게 되는 것이다.

악순환의 연속성이다.

정서에도 강한 부정적 영향을 준다.

문제를 일으키는 아이는 여러 가지 정서장애와 같은 질환을 겪고 있는 경우들이 있다.

물론 청소년 발달 과정에서 나타나는 증상일 수 있지만 가정환경에 따라 생길 수도 있지만 문제가 심하게 나타난다면 확인해볼 필요가 있다. 문제 청소년들에게 의심해 볼 수 있는 정서장애는 품행장애가 가장 심각하다.

어디로 튈지 모르고 무슨 행동을 할지 모르는 것을 의미한다. 품행장애란 반사회적, 공격적, 도전적 행위를 반복적, 지속적으로 행하여 사회 학업 작업 기능에 중대한 지장을 초래하는 장애를 의미하며 사회적으로 용납되지 않는 행동을 지속하는 것이 주된 증상으로 비행, 공격성이 동반된다. 가족뿐만 아니라 대인 관계 전반에서 나타날 수 있으며 가정과 학교, 사회에서 나타난다. 심리적 관점으로는 품행장애로 보지만, 사회적으로는 일탈 행동, 법률적으로는 청소년 비행이라 할 수 있다. 이 아이들은 부모가 자신을 잃어버리고 자녀에게도 자녀의 재능과 가능성을 죽여 놓은 결과라 할 수 있다.

어디서부터 잘못된 것일까? 그 원인은 가정과 부모에게 있다.

부모가 부정적인데 어떻게 아이들이 긍정적 사고로 살아갈 수 있겠는가? 부모는 자녀가 비행 청소년이라고 탓할 수 있을까? 건강한 가정은 서로 알아차림을 '나를 발견'하는 것으로부터 형성된다.

부모 중 한 사람이라도 자신을 잃어버리고 정서장애를 앓고 있다면 온 가족이 동반 의존증에 시달릴 수 있다.

동반의존증은 자신을 필요로 하는 상대방으로부터 자신의 정서적 욕구 및 존재가치를 느끼고 이를 위해 자신 또한 상대방에게 의존하게 되는 증상이다. 즉 모두 엮여 헤어 나오지 못하는 것을 의미한다. 이렇듯 자신을 잃어버리고 살아간다면 자신의 문제로만 끝나는 것이 아니다. 모두가 함께 깊은 수렁에 빠져 죽음과 같은 삶을 살아가게 된다.

가장 시급한 것은 잃어버린 나를 찾는 것이다.

시간이 걸릴 수 있지만 나를 다시 찾는다면 멋진 인생을 살아갈 수 있다. 가장 중요한 것은 나를 잃어버리지 않는 것이 중요하지만 잃어버렸다고 해도 다시 찾는 노력을 다시 해 보는 것이다. 자신의 상태를 인정하고 다시 시작하는 것이 치료다.

나를 발견하고 나를 수용하게 되면 타인을 수용할 수 있는 좋은 에너지가 생긴다.

3부

부부

부부 상담

항상 부부 상담이 많다.

부부 상담은 부부 관계를 좋아지게 한다.

물론 아이들도 건강해지게 한다.

엄마 아빠가 좋아지니 아이들도 좋아지게 된다.

"지난 한 주간은 어떠셨나요?" "한 번도 싸우지 않았어요. 너무 신기해요." 결혼한 지 5년 된 부부다.

본 기관에 2주 만에 방문했다. 여행을 다녀왔다고 한다.

그동안 어떻게 살았는지 부부 관계는 어땠는지를 물으며 상담을 시작했다.

아주 무난하게 잘 살았다고 하며 이제 싸우지 않는다고 대답한다. 남편이 아내에게 말했던 것을 아내가 실천하고 남편도 아내가 말했던 것들을 실천하고 살아가다 보니 부부 관계가 좋아지고 있다고 한다.

그동안은 모든 것이 갈등으로 연결되어 작년에는 아내가 가출까지 했었다며, "지금 생각하면 내가 너무 미련했어요. 내 감정을 더 중요하게 생각했었어요. 여보 너무 미안해!" 아내에게 사과한다.

아내는 멋쩍은지 "진작 사과했으면 더 안 싸웠을 텐데?"라고 하며 웃는다.

이 부부는 '자녀 중 한 아이가 말을 못 하고 있다', '학습도 느리고 행동도 자신 있게 하지 못하고 있어서 다른 기관에서 치료받고 있다'고 했다.

가족들은 아내도 어린 시절 때 늦게 말을 했다고 하며 유전이라고 걱정하지 말라고 하는데, 아내는 "다른 이유가 있음을 시사한다. 아내 어린 시절에도 엄마 아빠가 너무 싸웠고 무엇보다 엄마가 외도해서 이혼하게 되었다"고 하며 '아빠는 어떻게 해서라도 나를 위해 전출까지 하며 엄마와 살아 보려고 했지만 결국 엄마는 아이를 놔두고 집을 나가셨'단다.

그 충격 때문인지 아내도 말을 늦게 했다고 하며 우리 아이도 우리 부부가 너무 많이 싸워서 말을 못 하는 것이 아닐까라고 생각한다'고 말한다.

아이가 말 못 하는 이유를 너무 잘 알고 있다. 아이는 일주일에 다른 기관에서 2번 언어치료를 받고 있다고 한다.

언어치료기관에서 부부 상담 받으라고 권면에서 찾아온 사례다. 부부 상담 하며 그동안 왜 싸웠는지 이유를 분석하고 각자 원가족 검사도 하고 원인을 찾아 상담을 종결했다,

놀라운 것은 부부가 안정을 되찾아 가니까 아이가 조금씩 말하기 시작했다고 하며 확실히 엄마 아빠의 관계가 좋아지니까 아이도 호전되고 있다고 한다.

아내는 출산하고 남편에게 제대로 보호를 받지 못했다고 하며 짜증이 많았었다고 말한다. 그때 아이에게 말을 함부로 하고 짜증과 화를 많이 냈었다고 한다.

남편 역시 화내는 아내가 짜증 났었다고 하며 결국 부부 싸움으로 이어지고 서로 심각하리만큼 끝까지 간 적도 있다고 한다. 결국은 "이혼이 답이구나!"라고 이혼합의서를 법원에 제출했었단다. 그러나 다행히도 마지막 방법으로 부부 상담을 선택하고 본 기관에 찾아온 것이다. 기회를 얻은 것이다. 자녀를 위해 한 번 더 노력해 보자고 합의한 것이다.

부부 싸움을 심하게 하는 동안 아이는 불안과 두려움을 경험하고 무서움으로 말이 늦어진 것이라고 인정한다.

마지막으로 상담을 선택한 것이 너무 잘했다고 하며 부부가 서로 칭찬한다. 부부는 법원에 접수한 것을 취소하고 지금은 행복하게 살아가고 있다. 가끔 연락이 온다. 지금은 서로 이해하려고 하며 잘 살아가고 있어요. 가장 행복한 순간이다. 부부로 인연 맺고 30년, 10년, 5년을 살아도 서로 잘 모른다. 기간이 중요하지 않은 것이다.

얼마나 서로 상호 작용이 잘 되고 있느냐가 중요하다.

서로 다른 환경에서 서로 다른 가족들과 살다가 새롭게 가정을 세워 가고자 결혼을 선택한다.

그렇게 결혼해서 살아가며 자신도 모르게 원가족에서 학습된 것들을 행동과 말로 표현하다가 갈등으로 이어진다.

이때 중요한 것은 서로 다름을 인정하는 것이다.

서로 다름은 인정하며 살아가다 보면 어느새 "아~하!"라는 깨달음을 얻게 되고 이해와 공감이 익숙해지게 된다.

하지만 부부들은 서로 다름이 공격의 도구가 되기도 하고, 불신의 주제가 되기도 한다. 결국 건강한 가정을 세워 가는 것이 매우 어려워진다.

서로 자신이 옳다고 서로 말하다 보면 마음의 골이 깊어지면서 서로가 문제 있다고, 너 때문이라고 탓하기 시작한다.

그렇게 왜곡하기 시작하면 부부는 서로 건강한 자아를 보지 못한다. 이렇게 악순환이 시작되어 가정은 불안해지고 아이도 마음의 혼란과 함께 점점 위축되어 간다.

아이는 많이 힘들었을 것이다. 아마 인생이 슬플 것이다.

이렇게 소아 우울증이 생기게 된다.

부모는 깊이 반성해야 할 것이다.

부부관계가 좋지 않으면 자녀에게 집착하는 경우도 많다.

아이는 과잉 양육 스트레스로 스스로 아무것도 할 수 없는 아주 나약한 존재가 될 것이다. 어른이 되어서도 정서적 분리가 되지 않아 일명 마마보이가 되어 모든 것을 엄마의 허락을 받거나 엄마가 동의하지 않으면 불안해서 살 수 없을지도 모른다. 그때서야 후회해 봐야 소용없다. 지금부터 독립적으로 키우는 것이 좋다.

부부 갈등

부부 갈등 원인 중 하나는 억울함이다. 부부가 느끼는 입장은 다르지만 느끼는 감정은 비슷하다.

아내는 결혼하고 그동안 희생하며 살았다는 것에 대한 억울함이 있다. 청년 때 날개를 펴고 고액 연봉을 받았던 아내는 결혼하고 아이를 출산하며 대부분 포기할 수밖에 없다.

그런 아내의 마음은 자녀라고 하는 엄청난 것을 얻었음에도 보상 심리가 생길 수 있다. 특히 육아를 혼자 해야 한다는 부담감도 매우 크다. 반면 남편은 바쁘다는 이유로 아이 양육에 점점 참여하는 횟수가 줄어들면서 아내는 더 많은 억울함으로 채워지면서 폭발하곤 한다. 그런 아내를 보는 남편은 아내가 "아이 출산 후 변한 것 같아요."라는 말을 가장 많이 한다. 서로 편이 되어 주지 못하는 것이다.

그렇게 부정적인 감정이 자리 잡으며 무의식에 남아 있었던 것을 표출하게 된다.

결혼 전 멋있게 살았던 자신을 생각하며 현재 자신을 초라하게 생각한다.

결혼하면서 자신 안에 있는 능력이 감소될 것 같은 막연한 불안으로 더 힘들어한다. 자신에게 있었던 기대가 무너지면서 가정이 점점 전쟁터로 변하게 된다.

그런 아내를 몰라 주는 남편이 야속하다. 남편은 치열한 경쟁 속에서 살아남아야 한다는 부담감으로 맡은 바 일을 해 나가야 하기에 때론 가정에 무심해 보일 수 있다. 연애할 때는 서로 이런 사실을 모른다. 도파민의 분비로 서로가 좋은 것만 보이기 때문이다. 때로 다투기도 하지만 전혀 문제가 되지 않는다. 그렇게 사랑으로 아름다운 가정을 세워 가자고 결단하며 결혼한다. 그러나 현실은 그렇지 않다는 것을 곧 알아차리게 된다. 이때 무의식 속에 깊이 숨어 있는 부정적 정서들이 작동하게 되면서 그동안 발견하지 못했던 상대방의 단점들이 보이기 시작한다.

이때 기준이 되는 것은 각자 원가족에서 어떤 환경과 관계를 통해 살아왔는지가 나타나게 된다.

아내는 아버지의 성격과 행동들을 자신도 모르게 남편에게 동일시 하며 부정적 감정이 더 강화되기도 하며, 남편은 엄마의 성격과 행동들을 아내에게 동일시 하게 될 수 있다.

특별히 권위적이거나 통제적인 가정에서 자기표현 못하고 살아왔다면 더 분노 게이지가 상승할 수 있다.

또한 너무 과한 사랑을 받았다면 상대에게 요구도가 높아질 수 있어서 갈등의 원인이 되기도 한다.

부유한 가정에서 외동으로 많은 사랑을 받으며 성장했고 학교생활에서도 모범생으로 인정받고 직장생활 하면서도 인정받았던 살아온 아내와 가정 폭력과 부모의 이혼, 우울증으로 스스로 생을 마감한 가정에서 상처받으며 혼자서 모든 것을 해결해 가며 나름 건강하게 성장하여 능력을 인정받으며 살아온 남편은 지금 위기

중이다. 언어와 신체적 폭력으로 서로 힘들어한다. 누가 잘못을 더 많이 했을까? 누구의 문제일까? 해결 방법을 찾고 싶어 한다.

사랑이 넘치고 매일 사랑한다고 말하며 아이들은 어디에서든 인정받으며 모두에게 인정받는 완벽한 가정을 꿈꾸는 아내는 남편의 모든 것을 수정하고자 한다.

남편은 칭찬과 배려, 공감과 소통을 받아 본 경험이 없어서 어떻게 표현하고 말해야 할지 눈치 보며 매일 얼음판을 걷고 있다고 한다.

아내를 만나 보았다. 과대망상이 가득했다.

가장 아름답고 사랑 넘치는 가정을 만들 것이라고 자신에 차 있다. 자신의 계획에 남편이 따라와 주지 않아서 고통스럽다고 한다. 결혼하기 전에는 남편이 잘 따라와 줄 줄 알았는데 결혼하고 남편은 전혀 도와주지 않고 있다고 한다.

어떻게 그렇게 할 수 있느냐고 묻는다.

자녀도 그렇게 양육하고 있다.

세상에서 가장 행복해하는 자녀, 공부도 잘하고 모든 것이 완벽한 아이로 키울 거라고 하는 아이들이 너무 불쌍하다는 생각이 든다. 이러는 아내는 병이다.

아내는 인정하지 않는다.

행복이라는 의미를 모르는 것 같다.

사랑이라는 의미를 모르는 것 같다.

받기만 해서 주는 것을 모르는 것이다.

상담을 통해 거대한 이상 속에서 내려와 현실을 받아들이며
다 나눠 주는 것이 무엇인지 깨닫게 되길 바란다.

부부가 살아가면서 많은 우여곡절을 겪으며 이기기도 하고 힘
들어하기도 하고 갈등이 생기면 헤쳐 나가기도 하며 살아간다.
그렇게 살아가다 보면 서로의 소중함도 발견하고 함께 걸어 왔
음에 감사하기도 한다.

하지만 그렇게 살지 못하는 부부들도 있다.

너무 힘들어하는 부부들을 많이 만나게 된다.

싸울 수 있다. 당연히 갈등이 생길 수 있다.

싸워도 서로 화해하는 데 하루를 넘기지 말아야 한다.

그래야 쌓이지 않는다.

화해 없이 아이 때문에 살아야 한다는 생각은 건강하지 않다.
화해 없이 서로 신뢰할 수 있었던 마음의 공간도 점점 협소해지
고 포기라는 감정으로 살아가게 된다. 그런 관계로 살다 보니 서
로 소원해지고 표현도 하지 않고 어느 날부터는 말도 하지 않고
대화는 없어지고 감정만 앞서는 경우들이 많아진다.

서로 만나도 소 닭 보듯이 하고 꼭 해야 하는 말은 카톡으로 하

는 즉 카톡 부부가 될 수 있다.

부부 상담을 하다 보면 유난히 안쓰러운 부부들이 있다.

가정 폭력에 시달리며 자녀 때문에 참으며 어쩔 수 없이 살고 있는 부부들이다.

결혼하고 원가족과도 인연을 끊고 살고 있다는 부부들도 있다. 서로 왜곡된 인지와 부정적 정서로 살아가는 부부들 역시 많다. 가정이 이렇다면 아이들도 힘들 것이다.

가정 폭력은 가정을 더 고립시킨다.

가정을 붕괴시키는 원인이기도 하다.

아내를 폭력 했다고 신고되어 상담받으라는 명령을 받고 찾아오셨다. 폭력 하게 된 이유를 들어 보니 언젠가부터 아내는 음식 쓰레기를 버리지 않고 쌓아두기 시작하여 냄새가 나고 벌레가 나오는 지경에까지 온 것이다. 그래서 '왜 버리지 않느냐? 이렇게 많이 쌓아 놓으면 어떻게 하느냐?'라고 말에 아내는 "더러우면 네가 치우면 되잖아!"라는 말에 자신도 모르게 손이 올라갔다고 한다.

결국 경찰서에 신고되어 재판까지 받고 왔다고 한다.

신고된 후 아내와 말도 않고 있다고 하며 아이들은 아빠가 챙겨 주고 있다고 한다.

이런 부모를 바라보는 아이들은 어떨까? 어린 나이일수록 아이들은 부모가 싸우는 상황이 무섭고 불안해한다.

이렇듯 부부 싸움의 부정적 감정의 불똥이 자녀에게 흘러가기 때문이다. 자녀들은 정말 힘들었을 것이다.

이런 가정환경에서 양육된 아이들은 사회성이 떨어질 수밖에 없다. 사고가 많이 위축되어 표현하는 것을 어려워하고 이런 정서들이 청소년 때 미해결 된다면 청년이 되어서도 은둔자로 살아갈 확률이 높을 수 있다. 또한 중독에 빠질 확률도 높을 수 있다.

부모들은 서로 자신의 감정과 삶이 더 중요하다고 치열하게 살아갈 때, 서로 자신의 인생이 중요하다고 외칠 때, 아이들은 방치되고 방임되어 정서장애와 기분장애를 경험할 가능성들이 높게 나타날 수 있다.

그래도 대부분 부모들은 어느 순간 아이가 보이기 시작하고 미안함과 후회가 밀려온다. 하지만 아이는 이미 상처투성이가 된 채 힘들어한다.

사춘기가 되면서 문제를 일으키며 그동안 힘들었던 것을 표출하게 된다.

그런 이유들로 이혼하고 보란 듯이 살아 보려고 하지만, 이혼 후에도 사는 것이 힘들고 외로워서 전 남편보다, 전 부인보다 괜찮을 거라고 재혼하지만 해결되지 않은 미해결 과제는 또 다른 큰 문제들을 경험하게 된다.

더 잘 살고 행복하려고 재혼했지만 그렇지 않은 것이다.

전남편과 아내의 아이는 아이대로 힘들어하고 부부는 부부대로 힘들어하고, 그야말로 더 꼬인 삶을 살아가게 된다.

아이도 더 힘들어한다.

결론은 이혼이 답이 아니다.

이혼하더라도 부부가 각각 자신의 문제를 알아차린 후 결정해야 한다.

즉 굳이 이혼하려면 건강해져서 이혼하라고 말하고 싶다.

"물론 말이 되느냐?"라고 질문할 수 있다.

"건강하면 왜 이혼하겠느냐?"라고 따지는 분도 있을 것이다.

감정적으로 이혼하고 다시 재혼한다 해도 행복할 수 없다고 말해 주고 싶은 것이다.

지금 현재 나에게 주어진 가정을 지키는 것이 가장 훌륭한 부부이다. 결혼은 정답이 없다.

황혼이지만 잘 살고 싶은 부부

결혼으로 인연 맺은 지 50년이 넘은 나이가 지긋하신 부부가 찾아오셨다. 젊었을 때는 남편은 성실하게 열심히 일하고 돈만 벌다가 정년퇴직하고 어느 날 자신의 살아온 인생을 뒤돌아보게 되며 왜 이렇게 살았을까? 후회된다고 말하신다.

그때는 그렇게 사는 것이 맞다고 생각했다고 말한다.

아내와 자녀에 대한 죄책감을 갖고 있다고 말한다.

아내는 남편이 열심히 일도 했지만 젊었을 때 1년 정도 외도를 했었다고 하며, 그때 생긴 불신이 아이에게까지 큰 영향을 끼칠 줄 몰랐다고 하며 후회한다.

그럴 수 있다. 남편의 외도는 큰 충격이었을 것이다.

처음엔 '그럴 수도 있지', 남자가 바깥일 하다 보면 외도한 것이 큰 문제는 아니라고 생각했었단다.

그래도 월급은 꼬박, 꼬박 가져다주니 오히려 고맙다고 생각도 했었단다. 그러나 아내는 점점 늘어 가는 남편의 외도로 스트레스가 너무 너무 커서 자신의 행동에 잘못을 느끼지 못하고 살았다고 후회한다. 남편의 외도 사건 이후 아내는 자신도 모르게 말이나 행동을 남편이 아닌 자녀에게 퍼부었다고 하며, 그동안 누구에게 말도 못 하고 갖고 있었던 마음의 고통을 처음으로 표현해 본다고 한다. 고통스러울 때마다 일부러 생각하지 않으려 애쓰면서 살아왔다고 하며 이제라도 말할 수 있게 되어 다행이라고 한다.

남편은 아내가 둘째 아이 임신 중 외도했던 사건으로 출산 이

후 아이에게 모든 감정을 쏟아 냈었다고 하며 눈물을 닦으며 둘째가 저렇게 힘들어하는 것이 "다 자신 때문이에요.", "내가 아이를 망쳐 놨어요."

큰아이 출산하고 3살 무렵 작은아이를 임신하게 되었는데 남편의 외도를 알게 되었어요.

어떻게 임신한 아내를 놓고 그럴 수 있을까?

아내는 아직도 남편에 대한 분노가 풀리지 않은 채 남아 있었다. 아내는 지금도 남편을 신뢰하지 못한다고 하며, 그 당시 남편의 외도는 청천벽력 같았고 그것을 누구에게도 말을 할 수 없었다고 하며, 둘째 아이에게 모든 화풀이를 했다고 한다.

아내는 "왜 나는 아이에게 그랬을까요?"라고 하며 그 당시에는 남편에게 화를 내면 안 된다고 배웠고, 그 집 귀신이 되어야 한다는 친정 부모님들의 당부가 있어서 부모님 마음을 아프지 않게 하려다 보니 갓 태어난 아이에게 자신의 화와 짜증을 다 쏟아 냈다고 하며 아무것도 모르는 핏덩이 아기의 엉덩이를 때리기까지 하고 모유를 주지 않으려고 차가운 바닥에 밀어 놨었다고 하며 눈물을 흘린다.

이 말을 하는 아내는 그 당시 자신의 어리석은 모습이 떠오르는지 "너무 힘들었어요. 죄책감이 많았어요."라고 하며 눈물을 하염없이 흘린다. "그 당시에는 사회적으로 남편은 하늘, 아내는 땅이라고 해서 남편이 외도하거나 도박하여 집을 날려 먹어도 말을 할 수 없는 시대였어요. 너무 억울하고 후회스러워요." 아내는 지금까지 풀어지지 않은 응어리가 남아 있다고 한다. "이렇게 힘든지 남편은 모를 거예요."

아내의 이야기를 들으며 마음이 아팠다.

남편은 뭐 그런 것을 지금도 말 하느냐? 이미 오래된 일인데? 불편해한다.

남편은 그래서 상담 받자고 해서 따라왔잖아?

그렇다. 지금이라도 지난날의 잘못을 인정하고 싶다고 하니 얼마나 다행스러운 일인가?

용기를 내준 남편을 응원해 준다.

나이를 먹으면 먹을수록 그동안 살아왔던 습관들이 고착되어 잘 바뀌지 않는다.

그러나 노부부는 지금부터라도 제2의 인생을 살고 싶다고 하며 자신의 잘못을 철저히 용서를 구하고 부부만을 생각하며 남편으로서, 아내로서 역할을 잘 하며 살고 싶다는 것이다.

남편 역시 자신의 외도가 지금의 아내로 변화시킨 것은 절대 잘못된 것이라고 하며 아내에게 깊이 사과한다.

부부의 모습이 좋아 보인다:

무엇보다 한 주 한 주 만나면서 실천할 수 있는 작은 솔루션이 부부를 더 좋아지게 했고, 비록 나이는 들었지만 남아 있는 인생을 정말 행복하게 살아가도록 도움을 준다.

폭력으로 얼룩진 가정

종종 기관에 가정 폭력으로 신고되었다며 찾아오는 가족들이 있다.

대부분 사안은 부모가 자녀의 목을 조르거나 욕했거나 때렸다고 하는 내용들이다.

부부가 서로 언어로 갈등을 벌리다가 폭력까지 행하게 되어 신고하고 재판을 통해 치료 명령을 받고 찾아온다.

대체적으로 행위자는 아버지이거나 자녀들이다.

가정 폭력으로 신고되고 분리가 되고 겉으로 보기엔 괜찮은 것처럼 보이나 다시 함께 살아간다는 것은 매우 힘들 수 있다. 이미 가정 폭력으로 가족 간의 신뢰가 깨졌기 때문이다.

가정 폭력으로 트라우마가 생긴 것이다.

엄마와 사춘기 자녀의 갈등 속에 갑자기 끼어든 아버지는 전후 사정을 모른 채, 엄마에게 욕하는 딸에게 멱살을 잡는 폭력을 행했던 사건이 기억난다. 어느 가정이든 자녀와 엄마 사이가 아빠 사이보다 더 가까울 수 있다.

대부분 아이를 학교 가도록 깨우는 일부터 짜증이 섞인 말투와 욕, 아이들의 하루는 이렇게 시작되는 경우가 많다.

늦게 자고 더 자고 싶은 아이, 학교 보내려는 엄마, 가정교육은 엄마가 하는 거라고 생각하는 아빠, 갈등은 이렇게 시작된다. 아이는 점점 더 학교 가는 것을 어려워하고 엄마는 어떻게든지 학교를 가게 하려는 지속적인 행동에서 상황들이 악화되어 간다. 서로 불편한 감정들이 쏟아져 나오고 그때 아빠 역시 분노가 치밀어 오르는 것이다. 물론 아이를 가르치고 개선해 주고자 시작되지만 아이는 강력하게 반항으로 대항하고 결국 폭력까지 일어나게 된다. 아이는 자신이 했던 욕과 반항은 제외하고 아빠가 자신에게 했던 것만 신고하는 일들이 많다. 왜 부부싸움을 하는가?

그 원인을 잠시 찾아보자.

당연히 서로 맞지 않을 수 있다.

하지만 가장 많은 원인으로 서로의 말투이다.

서로가 자신의 말이 맞다고 하며 일방적으로 대화를 이어 가려는 것에서부터 갈등은 점점 극대화된다.

대화로 시작되었다가 자존심을 긁는 경우가 대부분이다.

그러다가 욕하는 언어 폭력에서 신체 폭력까지 이어진다.

요즈음은 가정폭력 신고가 많아졌다.

아동 학대 신고도 많아졌다. 그만큼 부부가 연합되지 않는 것이다. 나중에는 왜 싸웠는지도 모른다.

계속 반복되다 보니 행위자들이 더 억울하다고 토설한다.

가정은 공동체이다. 작은 사회라 할 수 있다. 그러므로 여러 사람에게 불편함을 준다면 반드시 수정되어야 한다.

부부 싸움

"부부 싸움이 너무 잦아서 살 수가 없어요.

이혼을 염두에 두고 있어요." 남편이 먼저 말을 꺼낸다.

"그만 살고 싶어요. 왜 이렇게 계속 살아야 하는지 모르겠어요. 그런데 아내가 "한 번이라도 상담받아 보고 서로에게 문제가 있다면 찾아서 고쳐보는 노력을 해 보자."라고 말에 동의해서 왔어요. 아이가 없으면 벌써 헤어졌어요."

"참 잘했어요. 잘 오셨어요."

"진짜 우리 부부가 다시 회복될 수 있을까요?"

"그럼요, 회복될 수 있어요."

부부는 서로 "과연 이 인간이 진짜 바뀔까?"라는 의심을 품고 있다. "보통 어떤 것으로 부부 싸움이 시작될까요?"

항상 "별거 아닌 사소한 것으로 말다툼하다가 아내가 먼저 '욱' 하면서 싸움이 커져요. 그래서 우리는 서로 대화를 하지 말아야 한다고 결정했어요. 말하면 자꾸 싸우니까요.

그러다가 서로 신고하며 경찰이 오게 됩니다.

그래서 지금은 톡으로 기본적인 것만 말해요."

"그 사소한 문제는 무엇일까요?"

"아내는 내가 집에 들어오자마자 숨 돌릴 틈을 주지 않고 아들 둘을 씻겨야 한다고 말해요. 내가 조금이라도 쉬는 꼴을 보기 싫은 거죠!" 남편의 말을 듣고 있는 아내는 "아이 둘을 하루 종일 보고 있으면 얼마나 힘든지 알아요?"

항상 아내는 짜증 섞인 말투로 말해요. 그때 나는 '알았어'라고 퉁명스럽게 대답하게 되거든요. 아내는 '당신도 힘들겠지만 아이들 씻겨 줄 수 있어요?'라고 하면 기분 좋게 할 수 있는데 아내는 항상 짜증 섞인 말로 말해요. 어쩌다가 너무 피곤하여 대답하지 않으면 아내는 견디지 못하는 것 같아요. 나도 하루 종일 일하다가 지쳐서 들어오는데 어떻게 조금도 쉴 시간 없이 말하는지? '왔어? 오늘도 많이 힘들었지?'라는 말은 기대도 안 해요. 그 소리도 신혼 때 잠깐 하고 아이 출산 이후부터 짜증과 민감함이 강해졌어요. 저도 집에 가면 무엇부터 아내를 도와줘야 할지 알고 있거든요. 그런데 꼭 들어오는 문 앞에서부터 말하니까 나도 짜증 나는 거죠. 어느 순간부터 그런 아내의 말투가 쌓여 억울함으로 표출되더군요. 그동안의 부부 싸움이 이런 식이었어요.

그러다가 누가 '욱'을 먼저 하느냐에 따라 싸우게 되는 거죠!"

아내도 마찬가지다. "하루 종일 아이와 함께 집에만 있다 보면 남편이 얼마나 기다려지는지 몰라요.

임신과 출산, 아이 양육으로 시간이 자꾸 흐르는 것이 불안으로 바뀌어 이러다가 경력이 단절되는 것은 아닌가?

남편이 도와줘야 복직을 할 수 있을 텐데? 남편은 점점 피곤하다고 하고 도와주려는 마음이 식어 가는 것 같다는 생각이 들면서 불안감과 억울함으로 남편과 말하다 보면 감정의 조절 되지 않아서 불이 붙게 되는 것 같아요."

"그러다가 큰 소리 나고, 아이들은 자다가 깨서 울고 난리 난리예요. 아이에게는 미안하지만 남편에 대한 부정적인 마음은 풀리지 않아요." 남편은 "집안이 시끄러워질까 봐 참으려고 해도 아내는 당장 해결 받고 싶다고 하며 대답하라고 다그치는 것이 너무 힘들어요."

나는 부부에게 질문한다.

"아이들은 싸우는 엄마 아빠를 어떻게 볼까요?"

"감정이 올라온 상태에서 싸울 때는 아이가 전혀 생각나지 않아요. 감정이 복받쳐 올 때 아이 생각을 한다면 싸우지 않거나 나중에 다시 말하자고 타임아웃을 하겠죠? 하지만 아이가 생각나지 않아요. 소리 지르고 서로 잘못했다고 탓을 하고 어느 정도 시간이 흘렀을 때, 아이 생각이 나거나 아이가 무서워서 크게 울 때 의식하게 돼요. 그래서 늘 아이에게 미안하게 생각해요. 그런데도 계속 다람쥐 쳇바퀴 돌듯 10년을 변함없이 싸우며 살다 보니 이젠 지치기도 하고 이 사람과 더 이상 살지 못할 것 같다는 생각이 들어요."

충분하게 부부의 얘기를 들어 주면서 다시 질문해 본다.

"그동안 싸우실 때 자녀들의 반응은 어땠나요?", "아이는 자기 방 한쪽 구석에서 울고 있거나 자다 일어나 소리 내서 울고 있기도 해요. 싸움이 길어져 어느 정도 진정이 되어 아이 방에 들어가 보면 구석에서 울다가 자고 있을 때도 있어요. 그때는 아이가 안쓰럽죠. 너무 미안해요. 그런데도 부부 싸움은 계속 반복되다 보니 '아이를 위해서라도 헤어져야 하는 것은 아닌가?'라는 생각을 하게 되었죠."

"과연 이혼이 답일까요? 이혼하면 더 잘 살 수 있을까요? 아이를 더 잘 챙길 수 있을까요? 아니면 더 행복해질 수 있을까요?" 부부는 아무 대답을 하지 않는다.

"더 좋은 사람을 만나거나 혼자 아이를 잘 양육할 수 있다고 생각할 수 있지만 현실은 그렇지 않습니다.

헤어지고 나서야 '그렇구나! 혼자 산다는 것이 이렇게 힘든 것이구나!'라는 것을 깨닫게 되지요."

다시 부부에게 질문한다. "혹시 아이가 어린이집이나 유치원에서 다른 아이들과 잘 지내고 있나요?" "아뇨! 그렇지 않아도 아이가 어린이집과 태권도 학원에서 잘못하고 있다고 전화가 계속 왔어요. 아이들과 자꾸 싸운다고 여러 번 연락 왔어요. 남편에게 말하려고 해도 대화가 없으니까 말하지 못했어요. 이런 아이 문제도 서로의 책임이라고 다투다가 싸움이 된 적도 여러 번 있었어요."

아내는 어떻게 해야 할지를 모르겠다고 하며 "아이도 상담 가능한가요?"라고 묻는다.

아이의 상담도 필요하지만 부부 문제가 먼저 해결되어야 함을 말해 주었다.

부부 싸움이 아이에게 주는 정서는 사회성 위축과 불안과 냉담이다. 즉 경계선 성격 장애의 요건을 만들어 줄 수 있다.

주의력 결핍이나 ADHD 증세가 생길 수도 있다.

아이의 마음은 세상과 조화를 이루며 살 수 없게 되는 것이다. 아이의 마음에 정서가 깨진 것이다.

아이의 첫 사회생활인 유치원이나 태권도장에서 아이의 분노가 표출된다는 것은 응급으로 부부의 변화가 필요하다는 것이다. "우리 아이가 유치원에서 다른 아이를 자꾸 때려요.

할퀴고 물어요." 물론 그럴 수 있다.

하지만 아이가 불안이나 분노를 표출하는 것이다.

이렇다면 응급으로 부모양육상담이 필요하다.

하지만 부모들은 말을 듣지 않는다.

물론 경제적인 이유도 있지만 '이제부터 부부 싸움을 하지 않으면 괜찮겠지?'라는 안일한 생각을 한다.

부모님들은 자녀가 진짜 행동하고 건강하게 성장하기를 원하고 있지만 부부가 바뀌고 변화해야 한다는 것을 수용하지 못한다. 부모의 정서가 건강하면 아이 정서도 건강해진다.

살고 싶습니다

이미 가정 폭력으로 처분을 받고 교정 상담을 다른 기관에서 진행한 이력이 있는 분이다.

하지만 또 폭력이 일어난 것이다.

상담하는 동안은 그래도 교정이 되었었는데 남편의 알콜중독과 의처증이 또 가정 폭력으로까지 이어지게 되었다고 한다.

이미 서로의 신뢰가 완전히 깨진 상태라고 할 수 있다.

남편은 알코올 의존성이 결혼 이전부터 심각했지만 '괜찮아지겠지?'라고 생각했었단다. 아내는 한 번 이혼한 상태로 외로움이 컸었고 친구 소개로 만난 남편과 교제하면서 서로 도움을 주며 살아가자고 결심하고 결혼했는데, 지금은 너무 힘든 상태가 된 것이다.

부부 사이에 쌍둥이 자녀가 있다.

이제 30개월인데 자녀를 위해서라도 남편의 가정 폭력은 멈추어야 한다.

아내는 가정 폭력에 대한 고통을 계속 호소하고 있다.

알코올 의존증의 특징 중 하나는 아내를 의심하는 증세도 포함하고 있다. 전문직을 갖고 있는 아내를 의심하고 때리고, 목 조르고 베란다 창으로 던지고 남편의 폭력은 점점 너무 심각한 상태라 할 수 있다.

가정 폭력으로 신고되어 법원으로부터 행위자에게 심리 상담 받으라는 처분을 받고 오는 부부들이나 아이들이 많다. 상담 와서도 그들은 서로 자신의 잘못이 아니라고 합리화하거나 나름 잘 살아가고 있다고 하며 누구나 싸움은 할 수 있는 건데 우리나라 법이 잘못되었다고 불만을 털어놓는 분들도 있다. 강제성이 없다면 아마 행위자들은 상담 받으려고 하지 않을 것이다. 반드시 지정된 곳에서 상담을 받아야 법적으로 명령이 끝난다. 무엇보다 중요한 것은 가정 폭력은 근절되어야 한다.

부부는 '어떻게 다시 싸우지 않고 행복한 가정에서 살아갈 수 있을까?'라는 것보다 자신의 억울함을 풀고 싶어 하는 경우가 더 많다. 부부의 말을 충분히 들어주다 보면 습관처럼 폭력을 행하는 남편들도 있고 그 싸움을 부채질하는 아내들도 있다. 이미 상처로 가득한 상태로 살다 보니 서로를 신뢰하지 못하고 있다. 함께 살아가는 것이 쉽지 않아 보인다. 가정 폭력 상담은 부정적인 정서와 마음을 수정시켜 주는 것이다. 가장 걱정되는 것은 아이들이다.

폭력 가정에서 살고 있는 아이들은 어떨까?

무엇인지 모르지만 불안정하고 어디에 마음을 붙이고 살아가야 하는지 모른다. 아이는 세상을 바라볼 때 적개심을 갖거나, 사회성이 현저하게 떨어지거나, 대인관계에서 많은 어려움을 갖게 된다. 이렇게 상처받은 아이들이 부부 문제가 해결되어 안정감을 찾게 되길 기도하고 있다.

예의 없는 남편과 그것을 고치려고 하는 아내

아내는 결혼 생활 내내 남편의 행동에 신뢰하지 못하고 있다. 남편에 말투나 행동을 항상 예의 주시하고 있다.

특히 남편의 행동이 항상 의심스러워 견딜 수 없는 상태다.

"어느 날 1층에 사는 부부가 자주 다투는 것을 안타까워하는 남편이 아내에게 "1층에 있는 부부가 자주 싸우는데 혹시 비명소리나 맞는 소리가 나면 신고해 주는 것은 어떠니?"라고 말했는데 아내는 '우리는 저 사람들보다 더 많이 싸우거든 왜 남에게 신경 쓰냐', "그 집 여자가 예쁜가 봐!"라고 표현했다가 싸대기를 맞게 된 사건이 생겼다."

이미 결혼생활 내내 남편을 의심해 왔던 아내는 남편을 신뢰하지 못하고 남편의 일거수일투족을 다 의심하고 있다. 아내는 하루 종일 전화하며 조금이라도 늦게 전화 받으면 분노가 올라와 퇴근하는 남편에 '어디서 무엇을 했느냐?'라고 따지기 시작하면 남편은 폭력으로 대응하곤 했다. 부부 모두 원가족 부모에게 큰 트라우마가 있다. 아내는 아빠의 잦은 외도로 겪었던 피해의식과 남편은 어머니의 이단에 빠져 있는 종교 중독으로 인한 피해를 심하게 겪고 살아왔었다.

아내의 아버지는 엄마와 이혼하고 새엄마를 5번이나 데리고 왔다고 한다. 그래도 아버지가 시키는 대로 엄마라고 하며 살았었는데, 성인이 되면서 아버지와 살지 않으려고 남편을 만나 결혼한 것이다.

어린 시절 트라우마는 아내의 정서를 불안정하게 만들어 안정적인 삶이 무엇인지 느끼지 못하게 한다. 남편 역시 엄마의 잘못된 종교 중독의 피해자로 살아야 했고 아버지와 싸우면 그 불씨가 남편에게 전달되어 견딜 수 없을 만큼 죽고 싶다는 생각을 항상 할 정도로 힘들었다고 한다.

어린 시절을 희망 없이 살아야 했고 성인 되어서도 너무 힘들어 살고 싶지 않을 때 지금의 아내를 만나 '결혼하면 괜찮겠지!'라는 마음으로 결혼했다고 한다.

하지만 부부는 서로 사랑하는 방법을 몰랐고 잘 살아가는 것이 무엇인지 몰랐다. 그렇다 보니 자신의 말을 들어 달라고 요구하다가 매일 싸우게 되었고 자녀에게 불씨를 대물림하고 있다. 불안, 의심이라는 대물림, 신체 폭력과 언어 폭력까지 대물림하고 있다.

아내는 기관에 와서도 "내 말이 틀리느냐? 우리 가정에서 폭력이 없어야 다른 사람도 신경 쓸 수 있는 거지! 나에게 폭력을 행하면서 어떻게 그런 말을 할 수 있느냐!"라는 것이다. 아내의 말은 맞았다. 아내는 항상 맞는 말을 한다. 하지만 언어 선정과 언어 전달과 말투가 결국 싸움으로 번지게 되고 가정 폭력 피해자가 되어 한집에서 어쩔 수 없이 살고 있다. 부부의 소통은 지혜가 필요하다.

가족 간 대화를 할 때 각자 생각과 마음을 걸러 내지 않고 직설적으로 말한다면 반드시 싸움으로 번질 수 있다.

즉각적으로 반응하는 말은 상대방의 감정을 건드릴 수 있다.

하지만 부부 갈등에서 바로 말하지 않으면 질 것 같다는 묘한 감정교류들이 흐르게 된다. 마치 이겨야 할 것 같은 생각이 들 수 있다. 즉 서로에게 지고 싶지 않은 것이다. 이기고 싶은 것이다. 얼마나 미련한 방법인가?

특히 부부 관계에서 폭력을 사용하는 것은 정말 치졸한 방법이다. 약한 자에게 큰소리치는 것과 힘으로 이기려고 하는 것은 어디에서든 사용하지 말아야 한다.

결국 관계는 악순환이 되고 시간과 감정을 낭비하며 살아가게 된다. 자녀들이 무슨 죄가 있는가?

부정적 감정으로 살아가는 부모 때문에, 아이 역시 부정적인 사고로 대인관계를 할 수 있다.

아이들은 말한다. 저는 절대 결혼하지 않을 거예요.

역기능적인 가정은 자녀에게 가정의 대한 희망을 앗아간다.

부모는 자녀가 긍정적인 정서로 세상을 살아가도록 건강한 가족의 기준이 되어 주어야 한다.

그러기 위해서는 부부가 서로 신뢰 하며 살아가야 한다.

아이 앞에서 남편을 욕하고 미워하는 것은 부정적인 정서로 인한 신경증을 유발할 수 있고 아이가 성인이 되어 살아갈 때 부정적인 사회성으로 늘 위축되어 불안과 긴장 상태로 건강한 대인관계를 할 수 없는 은둔형 외톨이로 살아가는 원인이 될 수 있다. 그래도 부부 싸움을 하며 살아가야 하는지 깊이 반성하길 바란다. 부부의 대화는 건강한 사회를 만들어 가는 자원이다.

부부 싸움을 너무 많이 해요

어느 날 아침에 "부부 싸움을 너무 많이 심하게 해서 이웃이 신고해서 경찰서에 다녀오는 길이에요.

경찰서에서 부부 모두 심리 상담 받으라고 해서 왔어요."

"그렇지 않아도 우리가 왜 그렇게 많이 싸우게 되는지 알아보려고 했는데 이렇게 오게 되었네요?"

조금 부끄러운 모습으로 말을 꺼낸다. "아! 그러셨군요."

우리는 "왜 그렇게 싸우는지 모르겠어요.

우리는 아이들과 함께 여행도 많이 다니고 남편과 큰 문제가 없다고 생각했는데 싸울 때는 너무 치열하게 싸워요.

정말 알 수 없어요."

"어떻게 싸움으로 번지는 것일까요?"

아내는 "모두 남편 때문이지요? 항상 싸우긴 했는데 이웃에서 신고할 정도로 싸운 것은 지금이 두 번째입니다.

남편은 제가 친정에 관한 이야기만 하면 '욱'하면서 화를 냅니다. 친정을 도와주자는 말이나 친정 부모님이 아프다고 해서 병원비를 보내 주어야 한다고 하면 남편은 견딜 수 없다고 합니다. 그 순간 나도 참을 수가 없어요. 그럴 때 맞서요.

같이 소리 질러요. '부모님인데 왜 못하게 하느냐?'라고 하면 회피하며 방으로 들어가요. 그때 나도 참을 수가 없어서 방으로 들어가 회피하지 말고 말하라고 하면서 싸우게 됩니다.

남편은 집에 오면 힘들다고 아무것도 도와주지 않아요.

말도 하지 않고 폰만 들여다보고 있고, 남편은 게으르기까지 해요. 남편에게 어떤 것을 부탁하면 '조금만 있다가'라는 것을 반복하다가 다음 날까지 하지 않아요. 결국 제가 다 해야 하거든요. 예를 들어 남편은 집에서 맥주 먹는 것을 좋아해요. 네 괜찮아요. 술 먹는 것을 가지고 뭐라 하지 않거든요. 하지만 맥주 먹을 때 먹었던 안주나 접시, 컵 등을 정리하고 자라고 부탁하고 아이들과 들어가 자고 아침에 일어나 보면 어제저녁에 먹었던 맥주 캔과 안주 남은 것들이 그냥 지저분하게 식탁 소파에 어질러져 있어요. 일어나서 식탁을 보면 정말 화가 나요. 먹지나 말든지 아니면 먹으면 치우고 자야 하는데 매번 부탁해도 변하지 않았어요. 아침에 일어나 내가 다 해야 하거든요?

그렇다 보니 집에서 맥주 먹는 것을 극혐하게 되었어요.

평상시에는 가만히 참고 있다가 어느 순간 남편이 나를 저평가하거나 무시하는 말을 하거나 비판적으로 말하면 그때 나도 모르게 폭발하거든요.

그때 인정사정없이 남편에게 '너는 잘했느냐?'라고 시작해서 참았던 것들이 다 쏟아져 나와요. 그런 상황에서 웃는 얼굴로 남편을 맞이해 주는 것이 불가능하죠. 며칠 전에도 여행 가려고 짐을 싸고 있는데 자기 것만 싸고 가만히 있는 거예요. 나는 아이들 것, 내 것 모두 챙기느라 바쁜데 남편은 자기 짐만 챙기고 앉아서 폰만 하길래 '이것 좀 해 줘, 나 너무 바쁘잖아.'라고 했더니 갑자기 소리를 지르며 '나도 힘들어.'라고 하는 거예요. 그 소리에 완전 멘탈이 나가 버렸고 '너만 힘드냐? 나는 놀고 있느냐?'라고 하며 소리 지르면서 싸움이 시작되었어요. 아이들은 울고 서로 소리는 줄어들지 않고 결국 물건까지 던지고 부수는 일이 있었어요.

그래서 이웃이 가정 폭력으로 신고했어요. 정말 부끄럽네요. 그래서 상담받지 않으면 안 된다고 해서 이렇게 찾아오게 되었어요." 아내는 그동안 싸우면 살았던 것들이 다 떠올랐는지 계속 얘기하며, "남편이 생각보다 참 나쁜 사람이었네요."라고 하며 선생님 "진짜 우리 부부는 싸우지 않고 살아갈 수 있을까요? 남편은 바뀌지 않을 거예요. 고집이 아주 강하거든요."

지금은 언제 싸웠느냐 할 정도로 너무 평온한 상태라고 말한다. "늘 나만 힘들었고 나만 화해하려고 노력했어요. 남편은 내가 화해해야 그때서야 받아 주거든요. 그렇지 않으면 방으로 들어가 말로 하지 않고 몇 날 며칠을 그냥 지내곤 합니다." 아내는 결혼 6년 동안의 속상했던 것을 다 털어놓는다. 아내는 많이 힘들고 억울했는지 말하며 계속 눈물이 쏟아진다. 안쓰럽다. "평소 남편과 사이가 나쁜 편이 아니라고 생각했는데 정말 많이 싸우며 살았던 것 같아요."

남편을 만나 보았다. 남편은 웃는 모습이 상당히 매력적이고 인상은 푸근하고 순수한 사람처럼 보였다.

이런 분이 가정에서는 그런다고?라는 생각이 잠시 들 정도다. 남편은 아내의 변화에 따라 잘못을 인정하면서도 아내를 위로해 주는 것이 서투르다.

남편은 아내와 어떻게 하면 공감과 소통을 할 수 있는지 묻는다. 그동안 아내에게 너무 심하게 했음을 말하며 수정하고 싶다고 한다.

아들 2명을 아내 혼자 양육하는 동안 아무 역할도 하지 않았고 도와주지도 않았다고 인정한다.

약국을 운영하는데 남편의 기질과 성격상 사람들을 많이 만나는 일이 쉽지 않았을 것이다. 남편은 쉽게 지치는 기질을 가지고 있었고 빨리 쉬고 싶다는 생각이 먼저라고 생각하고 있다 보니 조용한 방에서 혼자 있고 싶을 때가 많았다고 한다. 그런 자신을 아내가 이해해 줄 줄 알았단다.

같은 약사이기에 더 위로해 줄 줄 알았다고 한다.

하지만 아내는 자신을 이해해 주기는커녕 더 많은 것을 바라고 집에 가면 늘 도움을 요청해서 너무 힘들었다고 하며 이제야 자신이 아내에게 너무 잘못했음을 인정한다.

"서로 너무 사랑하고 좋아해서 결혼하면 계속 행복할 줄 알았어요. 그러나 아이를 출산하고 나서 서로 변한 것 같아요. 말 안 해도 서로가 이해해 줄 줄 착각하며 살았던 것 같아요. 그래서 계속 싸우면서 과거의 얘기까지 들춰 내게 되었고 결국 서로 씻을 수 없는 상처까지 준 것 같아요.

예를 든다면 아이가 자다가 울면 빨리 조용히 시키라고 하거나, 잠 못 자니까 우는 아이를 데리고 나가라고 소리 지르기도 했고, 자신의 방으로 가서 잔다든지, 아빠로서 역할은 전혀 하지 않으면서 돈 벌어 온다고 유세 떤다고 오해하고 살았던 것 같아요. 지금 생각해 보면 너무 이웃들에게 죄송해요. 신고되기 전에 부부 상담을 먼저 받으러 와야 했는데 너무 늦게 온 것 같아요. '괜찮을 거야! 살다 보면 싸울 수도 있지'라고 생각하다 보니 더 많이 쌓였나 봐요.

이렇게라도 오게 되었으니 다행입니다.

그동안 서로 탓만 하고 서로 눈치 주며 살아왔던 것 같아요.

반성하고 있어요."

그래도 이렇게 왔다는 것은 놀라운 기회다.

다행히 서로의 문제를 인정하고 수정하고 있다.

하지만 자녀들이 받았을 상처는 또 다른 문제일 수 있다.

아내는 큰아들이 유치원에서 폭력적 행동을 한다고 자주 연락 와서 학원까지 바꾼 적이 있었다고 하며 "우리 부부 때문인 줄 몰랐어요. 아이들이 힘들었었나 봅니다."

부부 모두 숙연해진다.

"부부가 행복해야 자녀도 안정적인 정서로 성장할 수 있어요.

그동안 아이는 가정이 매우 불편했을 거예요."

"어떻게 해야 할까요?"

"지금 서로 존중하고 인정해 주시면 됩니다.

부부 호칭부터 수정하고 아무리 화가 나더라도 '야'라는 단어는 사용하지 않는 것이 좋습니다.

"여보, 당신, 어떠세요?" 아니면 ○○ 씨라고 이름을 불러주는 것도 괜찮습니다.

다시 부정적 감정이 올라올 때는 서로 타임아웃을 사용하시며 호흡을 가다듬고 감정을 정리한 후 대화를 다시 시도 해 보세요. 말톤은 '솔' 이상 사용하지 않는 연습도 해 보세요."

"징그럽기는 하지만 한번 해 볼게요."

그렇게 부부는 노력하였고 가정은 다시 안정을 찾고 아이들도 많이 안정되었다고 한다.

부부는 서로 자신의 잘못을 인정하며 빠르게 좋아졌다.

인정한다는 것은 앞으로 노력해 보겠다는 것을 뛰어넘는 효과가 있다. 나는 부부 싸움이 아이 성장 과정에 얼마나 큰 부정적 영향력이 미치는지를 다시 말해 주며 "아이 앞에서 너무 많이 싸워서 아이가 많이 위축된 것 같지만 지금부터 다시 시작하면 됩니다."라고 하며 종결을 지었다.

마주치면 소리나요

이렇게 협조적인 부부는 더 이상 나빠지지 않는다.

하지만 서로의 존재를 무시하면서 자신의 존재를 인정해 달라고만 하면 부부 문제와 자녀 문제는 해결될 수 없다.

부부 안에 있는 마음의 똥들을 제거하고 서로를 수용할 수 있는 그릇으로 다시 빚어 가야 한다.

우리는 서로 말하지 않으면 모른다.

특히 가족은 다 알고 있다고 생각하는 것이 큰 문제라고 할 수 있다. 가족은 서로 더 모를 수 있다.

등잔 밑이 더 어두운 것처럼 더 모른다.

그러나 사람들은 가족이라서 다 알고 있다는 착각 속에 살아간다. 가족들이 서로 자신을 건강하게 표현하는 것이 좋다.

가정에서 자신의 속마음을 제대로 표현하지 못하며 살아가는 사람들이 많다. 결국 사람들은 자신이 누구인지 찾아야 내면의 에너지도 회복될 수 있다. 즉 탄력성이 다시 만들어지는 것이다.

'나는 누구지?'라는 질문은 번아웃 되었음을 알아차린다.

그때서야 자녀에게 미안했음을 깨닫는 순간이 된다.

부부 싸움으로 아이들은 불안정 애착이 형성되었을 가능성이 있다. 하지만 부부가 먼저 안정된 모습을 보여 준다면 자녀도 안정적으로 성장할 수 있다.

이렇듯 부모가 서로의 단점을 꺼내면서 싸우기보다 서로의 약점을 보완해 주고 강점을 살려 주며 살아간다면 부모 역할을 건강하게 잘하게 될 것이다.

부부를 상담 하다 보면 원가족 부모와의 관계 문제가 있음을 알게 된다. 부모가 매우 부정적으로 자리 잡고 있었다든지, 부모가 너무 잘해 주었고 포근한 사람이었다고 해도 부부는 서로에게 기대하는 것들이 많아지거나 요구도가 높아질 수 있다. 우리는 85% 이상 자신과 반대되는 성향 또는 부모의 성격 유형과 매우 유사한 사람과 결혼하게 된다.

우리는 어린 시절부터 익숙했던 것을 계속하게 된다. 자신은 아버지와 반대되는 사람을 선택했다고 생각하고 있지만 결혼하여 살아가다 보면 서로의 부모와 너무 유사한 부분이 있다고 말하곤 한다.

또한 아내들은 아이를 출산하고 양육하다 보면 자신이 누구인지 잃어버리고 살아간다. 자신도 모르게 모성애로 가득 채워지는 것이다. 가정은 서로가 경험한 원가족을 벗어나 세워지는 것은 아니다. 원가족과 분리되었다고 하지만 우리는 우리가 듣고 보고 경험했던 그 이상의 가정을 만들어 가지 못한다. 각각 다른 환경에서 경험했던 것을 부정적으로 해석하지 말아야 건강한 가정을 세워 갈 수 있게 된다.

만약 서로가 살아왔던 어떤 것들이 바로 수정되기 어렵다.

바로 맞춰 주기 어려울 수 있다. 그럴 때 그렇구나!라고 인정해 주면 서로 필요한 방향으로 함께 수정해 간다면 모두가 바라는 행복한 가정으로 잘 세워져 갈 것이다.

부부가 살다 보면 다툴 수 있다. 그러나 자신의 감정을 극단적으로 사용한다면 갈등의 골이 깊어질 수 있다.

그렇게 시간이 흐르다 보면 모든 것이 무너질 수 있다.

무너지기 전에 잘못된 인지를 수정해야 한다.

건강한 가정을 세워 가려면 경청과 질문법을 사용해 보자.

부정적인 감정들이 자신도 모르게 올라올 수 있다. 그럴 때 스스로에게도 질문법을 사용한다면 부정적 감정이 줄어든다. 화나 짜증이 내려간다. 목소리 톤은 안정적으로 바뀌게 된다. 이렇게 경청과 질문법을 자신에게 적용한다면 자신 안에 숨어 있는 부정적인 요소를 찾아내어 수정할 수 있게 된다. 드디어 건강한 표현을 할 수 있다.

그때 잊지 않고 해 주는 것이 자신을 돌보는 것이다.

"참 잘했어!", "괜찮아!", "그럴 수도 있어.", "그 방법이 최선이었어!"라고 하며 안정시켜 준다면 부부 갈등은 싸움으로 이어지지 않는다. 서로가 역지사지로 생각할 수 있는 여유도 생긴다. 무엇보다 상대방의 말이 충분히 들리기 시작한다. 일부러 하는 대화 훈련이 아닌 진정성 있는 대화가 가능해지는 것이다. 더 이상 부부 싸움이 일어나지 않는다. 엄마 아빠가 또 싸울 것 같아서 눈치를 보는 아이로 성장할 수 있다. 결국 자신을 수용할 수 있는 탄력성이 생기면서 타인도 수용할 수 있게 된 것이다.

그래서 아이는 부모의 거울이며 아이는 부모의 선생님이라고 말하는 것이다.

어릴 때부터 아이에게 자율성과 유능감, 그리고 연대감이 건강하게 형성된다면 건강한 어른으로 성장할 것이다.

그렇다고 해서 너무 자율성을 주는 것은 경계가 모호해질 수 있다. 즉 건강한 경계가 세워지지 않는다. 아동발달에서 건강한 바운더리는 반드시 형성되어야 한다.

부모가 살아가는 지혜와 대인관계 등을 가이드 역할을 잘해 준다면 어떤 상황이 생겨도 아이는 잘 헤쳐 나간다.

건강한 부모가 된다는 것은 쉬운 일이 아니다.

하지만 건강한 자신을 찾고 서로 노력한다면 반드시 좋은, 건강한, 부모가 될 것이다. 우리로 인해 자녀가 힘들고 어려워진다면 우리는 반드시 후회할 것이다. 부부 상호 작용이 얼마나 중요한지를 알아차리게 되길 바란다.

끝이 보이지 않는 갈등

아주 멀리 주재원으로 나가 계신 아내 분과 페이스톡으로 소식을 받았다. 6년 전 처음 만날 때는 이루 말할 수 없을 정도로 서로 가정 폭력을 행하며 너무 혼란스러운 시간을 보내다가 아내가 먼저 도움을 요청했다.

아내는 억울하다는 소리와 오늘도 맞았다는 소리, 남편의 욕설을 참을 수 없어서 대응하다가 맞았다고 하며, 울고 또 울고 했던 분이다. 그렇게 싸우다가 남편과 분가해서 살기도 했지만 서로의 폭력은 사라지지 않았다.

그러다가 아내가 먼저 상담하며 정서 건강이 회복되면서 남편을 이해하고자 노력하게 된다.

아내에게 묻는다. "부부 싸움을 하고 있을 때 자녀의 마음은 어땠을까요?"라는 질문에 깜짝 놀라며 "한 번도 거기까지 생각하지 못했어요."라고 말하며 아들에게 너무 미안하다고 울부짖었다.

그동안 아들이 여러 번 엄마에게만 폭력적인 말과 행동이 보여 이유를 알 수 없었다고 한다. 아들은 초등 2학년이다.

또래와 다르게 폭력적이고 분노가 내재화되어 있었다.

아들이 폭력적으로 변한 것을 보며 아이가 아빠 닮아서 그런

줄 알았고 남편에 대한 울분이 더 심해졌었고 더 강력하게 대응
하고자 했었다며 울부짖었다. 엄마는 울면서도 "우리 아이가 약
을 먹어요."라고 한다.

아이가 너무 힘들어하고 대인관계에 문제가 있는 듯하여 약을
먹기 시작했다는 것이다.

아내는 남편이 자신을 무시하는 말을 하면 견디기 어렵다고 호
소하면서도 상담을 통해 부부 싸움이 많이 줄어들었다.

아들도 놀이치료와 미술치료를 통해 안정되어 갔다.

아내는 원가족 아버지에게 받았던 상처가 너무 크다.

아내는 문제가 조금씩 해결되면서 남편을 대하는 모습이 달라
지고 있을 즈음 남편이 유럽으로 파견 근무를 나가게 된 것이다.
부부 대화를 수정하고자 수고를 아끼지 않았고 그 결과 심한 싸
움은 하지 않고 있지만 남편의 습관적으로 하는 욕은 끊어지지
않았다. 그래도 아내는 잘 견디며 이제 살 만한 것 같다고 했다.

어느 날 주재원으로 나가 있는 분이 긴급하게 연락이 온 것이다.

남편의 가정 폭력이 또 시작되었다는 것이다.

아내는 아이 있는 곳에서는 싸우지 않는다고 말한다.

그 정도로 노력하고 있는 것이다.

가정이 불안정하다는 것을 알아차리고 있을 것이다.

아내는 아이가 조금 일찍 사춘기가 온 것 같아요.

아빠의 말에 반항하며 무시하는 행동을 하기 시작했다고 하며 어제도 아이 때문에 심하게 싸웠다고 한다.

아내는 또 예전처럼 우울증과 불안 장애가 찾아왔다고 하며 "이제 지쳤어요. 그만 노력하고 싶어요. 이제 더 이상 남편과 살고 싶지 않아요. 도저히 이렇게 살 수 없어요." 얼굴을 보니 맞은 자국이 보였다.

아내가 가장 힘들어하는 것은 아이가 부부 싸움 하는 것을 보고 더 나빠질 것 같다는 불안감이다.

엄마 아빠의 격렬한 싸움으로 인한 엄청난 통제를 받고 자란 아이는 사춘기에 당연히 나타나는 행동이지만 너무 과한 감정에 빠져 번 아웃 된 상태가 지속되고 있다고 한다. 아이가 한국으로 돌아가고 싶다고 한다며 힘들어하는 아내에게 자녀를 안정시킬 수 있는 대화 방법을 수정해 주었다.

부부 모두 잘하다가도 무의식 속에 부정적인 자기가 올라와 관계가 자꾸 틀어지는 것이다. 무의식의 우리는 어떤 부정적인 것들이 들어 있는지 잘 모른다. 과거의 어떤 것을 경험했느냐에 따라 여러 가지 혼란스럽고 부정적인 감정이 들어 있을 수 있다. 하지만 지금이라도 그런 자신을 발견할 수 있다면 무의식의 부정적인 정서는 의식 가운데 사용되지 않도록 해결될 수 있다.

증오

2년 전 상담 받았던 분이 급하게 다시 방문하셨다.

부부는 결혼한 지 아직 3년 정도 되었고, 연애 때부터 싸움이 시작되었으나 아이가 생기면서 급하게 결혼했다.

출산 후 아이 양육 문제로 종종 다툰 적도 있지만 그런대로 잘 살아 가고 있었다.

남편의 기질과 성격은 자신이 특별하다고 생각하는 유형이며 매우 감성적인 분이다. 아내는 갈등을 무마하고자 하는 회피 성향인데 어느 날부터 남편의 행동이나 말투가 자꾸 화나게 된다는 것이다.

지난 1개월 동안 부부 싸움 하면서 남편은 이혼하자는 말을 3번 이상 했다고 하며 진짜 이혼해야 하는 것인지 생각을 정리하기 위해 재방문했다고 한다. 상담받고 아주 잘 살아와서 둘째도 계획하고 임신하였으나 아내의 마음이 너무 힘들어서인지 유산되었다고 한다.

그때부터 남편은 신경질이 더 심해졌고 아내 말투를 물고 늘어지며 이혼하자고 말한다는 것이다. 남편을 상담했을 때는 아내의 말투가 너무 싫다고 하며 이혼해야 하나 말아야 하는지를 고민 중이라고 했다. 지금 아니면 자신이 계속 죽어 살아야 할 것 같다고 하며 죽어 살기 싫다는 것이다.

"죽어 지내면 어떻게 될 것 같아요?"

"아내는 기세등등하여 나를 잡아먹으려 들 거고 무시할 거예요. 저는 진짜 이혼하고 싶은 마음으로 찾아왔어요."

그 말을 들은 아내는 "너만 그러냐? 나도 그래!"

감정적으로 발전할 것 같아서, "서로에게 이야기할 시간을 충분히 드릴 테니 서로의 말을 끝까지 들어 주세요."라고 부탁했다. "먼저 남편의 말을 들어 볼게요."라고 하고 남편이 말하고 있는 때 아내는 혀를 차며 "아이구"라고 표현하며 기가 막힌다는 듯이 듣고 있다. 부부 양쪽의 이야기를 다 듣고 요약하여 부부에게 알려 준다. "그래서 우리가 싸웠군요? 그래서 서로 오해하고 갈등을 겪었었군요?"

"맞습니다. 남편의 양극성 성격 장애는 아버지의 폭력과 엄마의 통제로부터 시작된 것과 아내는 아버지의 사랑을 많이 받고 자라서 남편은 아버지처럼 이래야 한다는 기준이 있었을 거예요."라고 말해 주니 아내는 "맞아요. 그랬어요."

"아마 남편은 아내에게 어떻게 해야 하는지 몰랐을 거예요.

그동안 아내가 가지고 있는 남편은 이래야 한다는 기준을 하나씩 내려놓고 남편에게 기회를 주는 것은 어때요?"라는 제안에 동

의를 얻었다. 남편이 가지고 있는 양극성 성격 장애는 약물 치료
도 권하며 가족 상담을 해 보기로 했다.

남편의 원가족 부모님을 초대했다. 남편의 부모는 어린 시절에
폭력 했던 것들을 인정하며 아들에게 미안하다고 깊이 사과한
다. 부모 상담을 3번 정도 하면서 부모와 아들 사이가 매우 좋아
졌다. 원가족에게 만들어진 부정적 정서는 성인이 되어서도 벗
어나기 힘들 수 있다. 하지만 부모의 진정한 사과는 한 가정을 다
시 살아나게 한다.

22년 된 부부

전화벨이 울려 받아 보니 한 여성의 목소리가 들린다. "혹시 부
부 상담 가능한가요?" "네 가능합니다." "나이가 많으신 분과 상
담하고 싶은데 그런 분 계실까요?" "네 계십니다."

방문한 부부의 얘기를 들어 보았다.

아내는 차분하게 그동안에 있었던 일을 말하기 시작한다.

남편이 딸을 때리고 멱살 잡고 소리 지르고 욕을 한 후 스스로
가정 폭력으로 신고했다고 한다. 아내는 그 순간 남편이 매우 무

서웠다고 하며 분노가 가득했던 남편의 눈이 지금도 없어지지 않고 남아 있다고 한다. 남편은 사춘기 딸과 아내가 너무 자주 싸우는 것을 봐 왔었고 딸이 아내에게 욕하는 것을 보며 도저히 참을 수가 없어서 자신도 모르게 딸의 목을 잡고 분노를 표출했다고 한다.

아내는 '어떻게 딸에게 그럴 수 있느냐'라고 하며 이해할 수 없다는 것이다. 남편 스스로 가정 폭력을 신고하여 3개월 동안 분리 조치 되어 별거했다고 하며 별거 이후 남편이 이혼을 요구하고 아내에게 있었던 경제권도 가지고 갔다고 한다.

평상시 남편과의 갈등을 많이 보았던 딸은 사춘기가 되며 아버지를 더 미워하였고 왜 이혼하지 않느냐며 언제 이혼할 거냐고 거칠게 아빠에게 욕하며 엄마에게 분노를 표출했던 일들이 몇 번 있었다고 한다. 딸의 그런 말과 행동을 남편은 아내가 딸이 있을 때 부정적인 말을 많이 해서 아빠를 미워하고 있다고 오해하고 있었다. 그렇게 가정 폭력이 일어난 것이다. 딸은 사춘기가 되면서 부모에게 욕하고 강하게 반항하자 '한번은 혼을 내주어야지!'라는 마음을 먹고 있었는데 그날 아침에도 학교 가라고 깨우는 엄마의 말에 반항하고 엄마 말을 듣지 않고 욕까지 서슴없이 말하면서 '너희는 언제 이혼할 거냐?' 소리 지르는 모습을 보면서 자신도 모르게 아이 셔츠를 잡고 그러지 말라고 한 것이 목을

졸랐다고 와전된 것이다. 남편은 좌절 상태라고 했다. 가정 폭력 이후 아내마저도 딸과 한편이 된 것 같아서 너무 속상하다는 것이다.

물론 어떤 경우도 아이의 멱살 잡은 것은 잘못되었다는 것을 인정한다. 하지만 아내는 그 당시 남편의 눈빛과 행동이 너무 무서워서 아직 기억나고 남편의 눈을 쳐다볼 수 없다고 하며 대화도 단절된 상태다.

남편은 접근 금지 3개월 분리 조치를 받아 별거하며 혼자서도 '잘살 수 있구나!'라는 것을 발견했다고 한다.

아내는 "워킹맘으로 사는 것이 얼마나 힘들었는지 몰라요.

남편은 아이들이 어렸을 때는 전혀 도와주지 않았었고 혼자 다 해야 했었다"고 하며 가정 폭력 사건 이후 불안과 갱년기 우울증까지 생겨서 너무 힘든 상태라고 한다.

지금도 아이는 반항 중이다. 아직 사춘기 반항이 지속 중이다. 사춘기 딸은 엄마 껌딱지다.

그렇게 싸우면서도 엄마와 자야 하는, 아직 정서적 분리가 이루어지지 않았다. 아빠는 딸과의 관계 개선을 위해 아빠 역할을 다하려고 노력하는 중이란다. 아빠는 부모가 모두 직장 생활하느라 아이를 돌보지 않아서 아이가 사춘기 반항이 더 심해졌다고 주장한다.

그 말에 아내는 할 말이 많다. 그러면 아빠가 진작에 챙겼어야지 필요할 때는 없다가 지금 아내를 탓하는 것은 무슨 경우냐고 분노를 드러낸다.

워킹맘들은 자녀 양육에 한계가 있다.

워킹맘들은 다 잘할 수 없다. 남편의 도움 없이는 자녀양육을 잘할 수 없다. 그러나 최선을 다한 아내에게 수고했다는 말은 없고 반항하는 딸만 걱정하고 있는 것이다.

아내는 열심히 살아온 자신이 아무것도 아니구나! 하는 후회는 밀려오면서 바쁘다는 이유로 도와주지 않았던 남편이 더 미워지고 억울한 마음만 가득하다고 호소한다.

남편은 아이 양육은 아내가 하는 것이라는 아주 보수적인 생각이 아내를 힘들게 한 것이다. 아내가 힘들다고 말하면 남편은 '너만 힘드냐며 나도 힘들어.'라는 식의 말만 했다고 하며 남편의 따뜻한 말 한마디가 듣고 싶다고 여러 번 표현했음에도 남편은 '수고했어', '못 도와줘서 미안해'라는 위로가 전혀 되지 않았다.

남편은 아이가 반항하는 것도 아내 탓이고, 경제적으로 풍성하지 못한 것도 아내가 자녀에게 너무 과하게 교육해서 그렇다고 말한다. 그 말을 듣고 있는 아내는 발끈한다. 진짜 그만 살아야 할 때가 된 것 같다고 하며 서로의 생각 차이가 좁혀지지 않는 듯했다. 하지만 그동안 숨어 있었던 마음속의 말을 다 표현한 부부는 서로가 보이기 시작했다.

이제 서로 다름을 인정하며 역할의 충실할 수 있다고 한다.

그동안 서로 몰라 주었던 것도 사과하고 서로의 소중함을 발견한 것이다. 그동안 부부의 마음속에 똥들이 가득하다 보니 보이지 않았던 것들이 이제 보이기 시작한 것이다.

남편도 아내 탓을 그만하고 역할에 충실할 것을 약속하고 아내 남편에 대한 서운함은 그만하고 지금 현실에 충실하겠다는 것이다. 참으로 감사한 일이다. 부모가 안정을 찾다 보니 아이도 안정적으로 고등학교 진학 준비를 하고 있다고 연락해 왔다. 수화기를 통해 들리는 웃음소리가 좋아 보인다.

모두 내 잘못이에요

"모두가 내 잘못이에요."라고 말하며 도움을 요청하신다.

"무엇을 도와드릴까요?"

"저는 양육 상담이 필요해요. 우리 아이가 사춘기인데 갑자기 공격성이 나타나면 제가 견디기 힘들어요. 분노가 치밀어 오르고 화가 나고 아이와 싸우게 돼요. 그렇다 보니 아이와 사이가 나빠졌어요. 어떻게 해야 하나요?

아이와 싸우지 않으려면 어떻게 해야 하나요?"

부모의 노력이 보인다. 엄청난 용기를 내서 오신 것이다.

부모는 자신이 잘못하고 있다는 것을 인정하고 있다.

부모들은 대부분 아이에게 문제가 있다고 하며 외부에서 원인을 찾고자 한다. 어쩌면 부모의 착각일 수 있다.

물론 아이에게 문제는 있을 것이다. 그러나 그 문제의 원인은 부모와 가정에 있음을 인정하는 것을 매우 어려워한다.

내 아이를 내가 가장 많이 알고 있다고 말하는 부모들 때문에 아이가 일탈할 수도 있다.

부모들은 이런 착각의 늪에서 먼저 벗어나야 한다.

아이가 어떤 스트레스를 받고 있는지, 지금 무엇을 필요로 하는지, 어떤 도움을 받고 싶어 하는지, 부모는 모른다.

부모는 자녀가 성장하고 있음에도 불구하고 말 잘 듣던 어린아이 때만 기억하고 있을지 모른다. 그래서 부모가 다 가르쳐 줘야 하고 말해야 하고 시키는 것을 잘해야 한다고 생각하고 있는지 모른다. 그래서 가정에서 대화가 단절되고 소통이 이루어지지 않을 수도 있다.

아이가 부모에게 어떤 문제를 상의하고 싶어도, 대화하고 싶어도 아이 입장보다 부모의 눈높이로 답을 알려 주고 싶은 것이다.

돌봐야 한다는 책임감일 수 있다. 아이가 아직 어려서 내가 해 줘야 실수 없이 살 수 있을 거라는 착각일 수 있다. 아이는 그냥 부모와 말하고 싶어 한다. 부모에게 정답을 요구하지 않는다. 그런 아이에게 '이렇게 이렇게 하면 되잖아?'라는 식의 정답을 말해 주는 부모에게 아이는 더 이상 할 말이 없다. 아이는 부모로부터 '그래? 그랬구나? 그랬었어? 너는 어때? 아~ 그렇구나!'라는 말과 같은 공감을 받고 듣고 싶을 뿐인데 오히려 잘못한 것까지 더 잘하길 원하는 부모로 인해 점점 말수가 적어지는 것이다. 어쩌면 부모는 '아이가 남들보다 뒤떨어지면 어떡하지?'라는 불안으로 모든 것을 가르쳐 주고 싶은 것이다. 그것이 사랑이라고 말한다.

아이는 자신을 믿어 주고 할 수 있음을 응원해 주며 문제가 생기면 아이 스스로 풀어 갈 수 있도록 해 주는 것을 원할 수 있다. 그러나 부모는 아이들을 믿지 않고 있다.

아이가 어리다고만 생각하기 때문이다.

부모는 아이 스스로 할 수 있도록 조력자 역할을 하며 믿어 주고 응원해 줄 때 아이들은 변하기 시작한다.

부모가 하는 것은 모두 옳다고 말하며 아이만 잘하면 된다고 생각하는 것은 아이를 벼랑 끝으로 밀어내는 것이며 도피할 곳을 찾게 만드는 것이다. 특히 엄마들은 아이에 대한 마음이 더 특별하다. 열 달 동안 배에 품고 있다가 죽을 만큼 고통을 겪으며 출산했으니, 아이가 자신의 분신처럼 느껴지기도 할 것이다.

물론 아빠도 자녀를 향한 특별한 사랑이 있지만 엄마들이 생각하는 것은 그 이상일 수 있다. 아이들이 교육 또는 상담을 할 때 SCT 문장 완성 검사라는 것을 한다.

질문 중에 '엄마는?'이라는 문장에서 아이들은 대부분 착하다.

'내가 원하는 것을 다해 준다.', '우리 엄마는 좋다.' 등으로 표현하고 있으며 '엄마와의 관계는?' '매우 친한 사이다.', '좋기도 하지만 잔소리쟁이다.'라고 표현한다.

하지만 '아빠는?' '무섭다.', '싫다.', '술 먹고 괴롭힌다.', '때린다.'라는 부정적인 말로 표현하기도 한다. '아빠와의 관계는?'이라는 질문에서도 '그냥 부자 관계다.', '친하고 싶지 않다.', '아빠처럼 살고 싶지 않다.' 부정적인 말로 표현한다. 검사 결과로 부모 상담 하다 보면 처음엔 인정하지 않고 싶어 하지만 점점 인정하면서 정서 자원이 회복되기 시작한다.

'딸'이 다른 집 아빠는 '딸 바보'라고 하는데 왜 우리 아빠는 딸 바보가 아니냐고 물어본 적이 있다고 한다. 그때 아빠는 대답할 수가 없었다며 "충격적이었어요. 그동안 아빠 역할을 못한 것에 대한 미안함과 후회가 밀려와 매우 힘들었어요."라고 표현하기도 한다.

이미 딸은 반항기가 많은 사춘기가 되었고 이제 친해지려고 해도 저항만 하니 어떻게 딸의 마음을 살 수 있는지 묻는 분들도 있다. 항상 우리에게는 기회가 있다.

자녀 양육도 때가 있다. 부모도 기다려 주지 않듯이 자녀도 기다려 주지 않는다.

그때를 놓치면 후회라는 결론이 생긴다.

그러기 전에 역할에 대해 진중하게 생각해 볼 필요가 있다.

어떻게 해야 하나요?

부모는 자녀가 사춘기가 찾아오면 그동안 보지 못한 행동이나 표현들이 나타날 때 정말 힘들어요.

오늘은 부모가 함께 와서 아이에게 어떻게 해야 하는지를 묻는다. "내 얘기를 끝까지 들어 주기만 하면 돼요."라고 말했다고 한다.

아이가 표현하는 것을 보면서 엄마는 자신이 너무 지시적이고 결과에 치중하는 모습이 있었다고 말하며 "이제 엄마도 잘해 볼게!", "앞으로 너의 말을 끝까지 들어 줄게!"라고 표현했지만 어떻게 해야 하는지 모르겠다고 한다.

엄마는 원가족에서 표현이 무엇인지 모르고 살아오다 보니 아이에게 어떻게 표현해야 하는 것인지 모르는 상태로 키웠다고 인정한다. 엄마의 마음이 느껴진다.

그렇다. 우리는 표현을 어떻게 해야 하는지 잘 모르는 상태로 살아온 것이다. 그래서 사랑한다는 표현이 너무 오글거려 할 수 없었다고 한다. 엄마에게 스스로 표현하는 것부터 훈련시키며 가정에서도 자연스럽게 표현할 수 있도록 인지행동수정으로 도움을 주었을 때 아이와 남편은 우리 가정이 행복해졌어요. "요즘은 집에 일찍 들어가고 나오고 싶지 않아요."라고 말한다.

어느 날 퇴근하려고 하는데 전화 한 통이 울린다.

받아 보니 아들과의 갈등이 있는 엄마였다.

"선생님 퇴근이 늦어져서 늦게 가도 되는지요?"라고 하신다. "혹시 급하신가요?" 물으니 "정말 시급한 문제가 생겼어요." "아! 그래요. 기다리겠습니다. 조심히 오세요." 조금 늦게 도착한 엄마를 만났다. 엄마는 앉자마자 울기 시작한다.

'그동안 많은 억울함이 있었나 보다.'라고 생각하며 엄마의 이야기를 들어 주었다.

엄마는 자녀 양육에 정성을 다했다고 하며 작년 봄까지는 걱정 없이 행복하게 잘 살았는데 6월부터 아이가 반항하면서 물건도 부수고 계속 안아 달라고 하고 엄마와 함께 자겠다고 하며 더 불안이 가중되었다고 한다. 또한 자면서 소리도 지르고 갑자기 변한 아이가 너무 무서워요.

엄마는 속상한 마음을 눈물로 표현하신다.

아이는 초등학교 6학년 하반기부터 반항하기 시작하더니 지금은 어떻게 할 수 없을 정도로 폭력적이고 공격적으로 변해 가고 있다고 한다. 가족 구성원에 대해 알아본다. 아빠는 똑 부러지는 성향이며 가끔 아들의 행동을 참지 못해 소리도 지르고 폭력도 사용한다고 한다. 큰아이는 똑똑해서 공부를 잘하고 있고 엄마는 편집증에 가까울 정도로 한 가지에 집착하는 성향이 강해 아이의 눈높이보다 자신의 눈높이에 맞춰 주길 바라고 완벽하기를 원했다고 한다.

"아들에게도 그렇게 요구하셨을까요?"

"네! 큰딸은 늘 스스로 잘해 주었기에 잔소리한 적 없어요. 그런데 아들은 그렇지 않아서 거의 매일 잔소리를 했어요. 그렇게 하지 않으면 하루 종일 밖에도 나가지 않고 집에서 책만 읽고 있거든요." 그랬군요. 저는 아들도 공부에 재능이 있는 것 같아서 기대하며 공부하도록 했어요. 그런데 작년부터 분노로 돌출행동을 하고 있어요. 어떻게 해야 해요?

"아이 마음이 아픈 것 같네요. 지금 아들은 '나 많이 아파요. 제발 그만했으면 좋겠어요.'라고 말하라고 표현하고 있는 거예요.

그래도 엄마가 계속하니까 폭력으로 반항하는 거예요. 그동안 아이와 소통은 어떻게 했을까요?" "아이가 원치 않는 것 같아서 함께 어울리는 것을 해 보지 않았어요. 그동안은 괜찮았거든요. 아이가 소리 지르고 폭력적이기 전에는 가족들은 각자 자신에게 주어진 일을 하며 큰 문제가 없었어요. 다른 사람들이 하는 것처럼 일주일에 한 번은 외식하려고 했고 일 년에 2번은 해외여행도 하며 아주 평범했어요. 하지만 아들이 변하기 시작한 후 아무것도 할 수 없어요. 갑자기 아이가 저러니까 저와 아빠는 아이를 혼내거나 가끔은 폭력도 사용했어요."

하루 종일 혼자 있는 아들을 생각해 봤냐고 물어보니 "그동안 학원 다니느라 집에 없었어요."

"퇴근하면 아이와 얼마나 대화했을까요?" "나도 건강 관리해야 할 것 같아 밤 운동을 하러 다녔어요. 그리고 보니 아이와 마주 앉아 대화해 본 적이 없네요. 공부하라는 말만 했어요." "그동안 아이는 어디에 자신의 마음을 표현하며 살았을까요? 늘 무엇인가 해야 하는 아들의 마음은 어땠을 것 같아요?" 엄마는 아들에게 살갑게 대해 준 적이 거의 없다고 하며 후회의 눈물을 흘린다.

"아이와 꼭 정서적으로 교감해야 하나요? 어떻게 해야 할지 모르겠어요. 아이가 이렇게 변할 줄 몰랐어요. 그동안 맞벌이를 하면서 자녀에게 최선을 다했다고 생각했는데 억울해요."라고 말한다.

"선생님 아이가 반항하면서 부부 사이도 나빠졌고 남편도 아이가 그러면 화를 내거나 폭력과 폭언을 해요. 그러면 아이는 더 폭력적이 되고 물건을 깨거나 던지거나 엄마에게 소리 지르고 더 심하게 해요. 매일 아침만 되면 회사도 가지 말라고 하며 떼쓰고 울고 옷을 잡아당기고 했어요. 그래도 회사 가면 나도 학교 안 간다고 버팅기고 반항하며 엄마 아빠를 힘들게 하고 있어요. 어떻게 해야 하나요?"

"지금은 어떻게 해야 하는 방법이 중요하지 않습니다.

방법보다 아이 마음을 알아주는 것이 더 중요합니다.

지금 당장은 당황스럽고 힘들 수 있지만 지금까지 아들에게 했던 모든 것을 중단하고 시간을 내서라도 아이가 좋아하는 것을 먼저 해 보세요."

"중 1인데 공부는요?

그럼 저는 회사에 나가지 말아야 하나요?"

"그 결정은 부모가 함께 의논해서 결정해 보세요.

공부도 아이가 건강해져야 할 수 있습니다.

기다려 주세요."

그동안 엄마는 자녀에 대해 끊임없이 진로를 알아보고 학습 검사를 하며 공부를 강조했던 흔적들이 있다.

아들도 힘들었을 것 같다.

엄마는 계속 "우리 가정은 아이가 반항하기 전까지만 해도 정말 행복한 집이었고, 서로 대화도 잘 되는 집이었어요.

그런데 지금은 아들이 그러니까 생지옥 같아요."라고 말한다. "아들의 주 양육자는 누구일까요?"

"제가 큰아이는 2년 동안 키웠지만 둘째 아들은 집에 있는 것이 힘들어 일찍 회사에 복귀하다 보니…"

"둘째 아들은 다른 사람에게 맡겨지고 또 어린이집에 일찍 보내면서 복직했어요." 큰아이와 다르게 아들은 엄마와의 애착결핍 가능성도 있음을 인정하며 또 운다. 아이는 사춘기가 되면서 어린아이로 퇴행하며 엄마의 사랑을 요구하고 있는 것 같다. 아이는 그렇게라도 자신을 알리고 싶을 것이다.

또한 엄마가 회사 가는 것을 싫어하고 계속 안아 달라고 하고 함께 잠을 자 달라고 하는 것은 애착에 대한 욕구가 채워지지 않았음을 시사하고 있다. 즉 사랑받기를 원하는 것이다. 바쁜 엄마, 아빠로 인해 발달 과정에서 가정에서 채워져야 할 사회성이 부족하다고 볼 수 있다. 아이가 성장하면서 사회성도 커져야 하는데 부족한 것 같다. 즉 아들은 어떻게 해야 하는지를 모르는 것이다. 엄마에게 "그동안 했던 방법은 다 내려놓으시고 사랑이 필요한 아이는 그 나이에 맞게 사랑해 주면 됩니다."라고 말해 주었다. 엄마는 "나는 그런 것 못해요. 정말 오글거리는 것은 할 수

없어요."라고 한다,

"어머니 오글거린다고 하지 않으면 아이 회복이 더 늦어질 수 있어요. 더 이상 퇴행되지 않도록 노력하셔야 해요.

부모의 선택입니다."

"이럴 때 아이에게 폭력을 행하거나 방임하면 어떻게 될까요? 부모가 아이를 다시 밀어내면 어떻게 될까요?" 엄마에게 "가장 시급한 것은, 말투부터 수정하는 것이 좋을 것 같아요."라고 조언해 주었다. 엄마의 말투는 따지는 듯, 지시적이고 가르치려 하는 말투다. 아이가 들었을 때도 엄마는 지시적이거나 주입식 대화로 느꼈을 것이다. 늘 완벽한 결과를 요구했을 것이며 아이에게 필요한 정서는 채워 주지 못했을 것이다. 그러나 엄마는 계속 "저는 못해요. 말투를 어떻게 바꿔요."라고 말한다.

"그러면 아이도 바뀌지 않습니다."

그렇게 힘들다고 하면서 엄마가 못한다고 하는 것은 문제 있다고 진단 내려 주며 엄마 아빠의 말과 행동을 먼저 수정해야 함을 강조해 주었다.

"저는 못해요."라고 대답했던 엄마는 상담받으면서 아이와의 대화를 아이 눈높이에 맞게 적용해 가고 있다. 이제 아이도 다시 회복 중이다.

아빠도 그동안 자녀에게 했던 폭력을 사과하고 엄마와 함께 풀어 갈 수 있는 것이 무엇인지 찾아가며 노력하고 있다.

이렇게 하지 않으면 아이는 다른 곳에서 비어 있는 애정을 채우고자 할 것이다. 아이는 분리불안 증세와 강박증세까지 보인다. 이런 아이는 중독에 빠질 확률이 높아진다.

예를 들어 게임, 성, 도박, 술, 담배 등등에 중독 또는 의존성도 높을 수 있다.

사람은 자신 안에 비어 있는 애정을 어떤 것이든지 채우고 싶어 한다. 그런 것이 결국 의존성을 만들어 내고 사회성은 위축되고 중독으로 변할 가능성이 있다.

아들 역시 게임에 집착하며 학교도 가지 않았다.

아이는 상담하면서 많이 건강해졌다.

공부도 자신이 할 수 있다고 하면 그때 아이의 요구를 들어 보고 공부에 대해 부모가 먼저 제시하거나 공부는 반드시 해야 한다는 것으로 부담 주지 않는 것이 좋겠다고 말해 주었다. 아이는 IQ가 높은 편이다. 하지만 IQ가 높다고 해서 공부를 잘하는 것이 아니다.

부모는 자녀에 대해 잘 모른다. 자녀가 무엇 때문에 반항하는지, 왜 그러는지, 모른다. 부모는 자녀가 그러면 왜 그러는지 찾아보기 전에 부정적 감정을 사용하고 공부하지 않는 것에 더 초점을 둔다. 그리고 자녀를 기다려 주지 않는다. 문제가 생기거나 커지면 그때서야 부모는 아이에게 문제가 있다고 말할 뿐이다. 아니다. 아이의 문제는 가정과 부모에게 100% 원인이 있음을 우선 인정하며 아이의 말에 경청하며 기다려 주는 노력이 필요하다.

4부

자녀

아이가 아파요

　엄마 아빠의 싸움이 잦은 가정에 아이는 어느 순간부터 어린이집이나 유치원에서 다른 친구들을 갑자기 때리거나 함께 가지고 놀고 있는 물건을 내 것이라고 고집을 부리며 빼앗거나 자기 마음대로 되지 않으면 분노를 표출하여 다른 아이의 팔이나 신체를 무는 현상이 나타나기도 하고 때리는 폭력적인 행동도 보인다. 이런 상황들을 유치원 선생님과 어린이집 선생님들이 부모에게 연락하면 우리 아이는 괜찮은데 상대방 아이가 문제 있는 것은 아니냐고 말하는 부모들이 있다. '그럴 수도 있지!'라는 말은 아이가 성장하며 엄마 아빠가 너의 지지자라고 편을 들어줄 때 필요하다.

하지만 아이의 잘못을 '상대방이 잘못해서 아이가 그렇게 반응한 것이 아니냐?'라고 말한다면 아이는 건강한 자아가 형성될 수 없다, 아이에게 문제가 보인다는 연락을 받았다면 부모가 아이가 영향받았을 잘못한 것은 없는지 생각해 볼 필요가 있다. 모든 아이는 소중하다. 내 아이만 소중하다고 생각하는 것은 건강한 부모라고 할 수 없다.

만약 이런 부모라면 반드시 수정해야 할 것이다.

도덕적인 기준이 강압적이고 통제적인 방법으로 양육하고 있다면 반드시 수정해야 한다. 너무 허용적으로 아이를 양육하는 것도 반드시 수정되어야 한다. "저는 공부를 강요하지 않아요. 저는 아이가 원하는 것은 다 할 수 있게 했어요.

제가 너무 강요받고 권위적인 부모와 살아서 힘들었거든요. 아이는 그렇게 양육하고 싶지 않아요." 아이는 부모의 소유물이 아니다. 부모가 힘들었던 것을 적용하는 마루타가 아니다. 아이가 건강한 개념을 만들어 가고 건강한 자아가 형성되도록 돕는 것이 부모다. 가정이 불안정한데 아이에게 부모의 기준으로 양육하려 한다면 아이는 건강하게 성장하지 못할 것이다. 아이들이 사춘기가 되면 왜 괴물이 될까? 아이들이 왜 폭력적으로 반항하고 일탈을 할까? 모든 원인은 가정과 부모에게 있을 수 있다.

아이의 발달 과정은 또 오는 것이 아니다. 이미 형성된 자아와 성격은 "그러지 마!"라고 반복해서 말한다고 해서 아이가 고쳐지는 것이 아니다.

왜 그렇게 행동하고 말할까? 한 번쯤은 부모가 반추해 볼 필요가 있다. 지금 우리 가정은? 지금 부부 사이는? 어떤지 알아차리고 부족한 것은 채우고 잘못된 부분은 인정하고 수정해 간다면 가정은 안전할 것이다. 부부 싸움할 수 있다. 갈등이 있을 수 있다. 어떻게 풀어 가느냐가 중요하다. 부모로 인해 가정이 살얼음판 갔다면 이미 가정이 아니다.

아이들은 "선생님 우리 집은 살얼음판 같아요. 그 이유는 부모님이 언제 터질지 모르거든요. 눈치 보고 사는 것이 너무 힘들어요."라고 말한다. 어디에서 평안을 찾을 수 있을까? 학원을 아무리 다녀도 공부는 할 수 없고 성적은 나오지 않고 결국 아이 안에 분노가 학습되어 자신도 모르게 분노를 방어 기제로 사용하게 되는 것이다. 사춘기가 되면서 정서장애와 기분장애로 비행으로 나타날 수도 있다. 그렇다고 하더라도 가정이 안정되면 아이의 행동 수정은 가능하다.

부모가 바뀌면 아이도 바뀐다.

아이는 혼을 내거나 때린다고 해서 수정되지 않는다.

가정 폭력은 모든 가족에게 정서적 학대요, 신체적 학대다.

어떤 폭력이라도 허용되지 말아야 한다. 가정이 안정되면 아이도 변할 수 있다.

아이들이 가장 힘들어하는 것이 부모님의 이혼이다.

이혼은 아이에게 더 큰 상처를 남긴다. 이혼은 아이가 경험하지 말아야 할 상실과 좌절을 느끼게 되고 "나는 누구와 살아야 하지?"라는 정서적 대혼란에 빠지게 된다.

부모는 서로에게 문제점이 있다고 헐뜯거나 흉보는 것은 아이가 부모를 신뢰하지 않을 수 있다.

가장 좋은 방법은 부모가 서로 부정적 인지를 행동 수정하면 된다. 부모의 상호 작용이 정답이다.

'아이가 어리기 때문에 괜찮을 거야! 기억하지 못할 거야!'라는 착각은 금물이다.

아이는 부모의 정서로 듣고 보며 감정이 형성된다.

부모의 건강한 관계를 통해 건강한 미래를 만들어 갈 수 있다. 건강한 정서 자원은 아이의 전 인생의 큰 자원이 된다.

부모가 행복하면 가정과 아이가 행복해진다.

사춘기

사춘기가 온다는 것은 '건강하게 발달하고 있구나!'라고 생각하면 된다. "우리 아이는 사춘기가 없이 조용하게 지나가서 너무 좋아요."라고 말한다면 그 아이는 정서적으로 매우 힘들 것이다. 자신의 감정을 모르거나 표현할 수 없었던 상태라 할 수 있다. 과연 사춘기가 무엇일까?

사춘기가 되면 왜 아이들이 변하는 것일까?

사춘기는 뇌가 급속도로 성장한다.

뇌가 변화하면서 이차 성징의 징후들이 나타나며 혼돈 속에 빠지게 된다. 즉 길을 잃게 되는 것이다.

다시 정리해 본다면 사춘기는 청소년들이 아동기를 벗어나면서 큰 변화를 겪는 시기이다. 사춘기에 남자 청소년은 남성의 신체적 특징을, 여자 청소년은 여성의 신체적 특징을 갖추기 시작하고 정서적으로 성적 충동을 느끼며 욕구를 표출할 대상을 찾는 과정에서 갈등을 겪는다. 인지적으로는 타인의 입장을 고려할 수 있게 되며 자기중심적인 생각에 빠지기도 한다. 즉 잘 가던 길을 잃어버리는 것이다.

이때 부모는 길을 친절하게 안내해 주어야 한다.

이 시기엔 갑작스런 신체의 변화에 따른 당혹감과 정서적인 혼란도 같이 올 수 있다. 간혹 이 시기에 반항기가 있으면 사춘기라고 생각하시는 어른들도 많다. 아이의 사춘기를 인정하고 싶지 않은 마음에 일체의 반항적 표현도 하지 못하게 막는다면 아이는 사춘기 자체를 부정하고 스스로를 억누르는 굿보이 신드롬으로 이어질 가능성이 있다.

건강한 부모는 아이가 잘 성장하고 있음을 인정해 주며 기다려 줘야 한다. 하지만 불안한 엄마는 아이가 어떻게 될까 봐 먼저 앞장서서 아이 문제를 해결해 주려고 한다.

그러나 아이는 전혀 고마워하지 않는다.

오히려 그런 엄마의 머리 위에서 이용하려고 한다.

아이가 요구하는 대로 다 해 준다면 어떻게 될까?

아이가 가지고 있는 사춘기 성향이 품행장애로 변할 수 있으며 독립하는 것에 제동이 걸릴 수 있다. 아이는 끊임없이 부모에게 요구한다. 가장 많이 요구하는 것은 통금 시간과 게임 시간이다. 부모가 이해할 수 없는 시간을 요구한다.

이런 자녀를 둔 부모는 아이가 조금만 늦거나 연락이 없으면 계속 전화하고 톡을 보낸다.

그렇기 때문에 아이는 어차피 혼날 거 일찍 들어가면 뭐하느냐라는 생각을 하고 더 반항한다.

아이들은 다른 부모는 다 통금 시간을 정하지 않는데 우리 집만 통금 시간을 정해 놓느냐고 불평불만을 토로한다.

아이들의 귀가 시간이 새벽 1시, 2시는 기본이다.

이렇게 아이들은 통금 시간으로 가출한다고 협박하는 것이 다반사다. 아이들은 "우리 집은 너무 답답해요. 숨 막힐 것 같아요. 그래서 들어가기 싫어요."라고 이유 아닌 이유로 집을 거부한다. 친구 부모는 늦게 들어가도 혼내지 않는데 왜 우리 집만 그러느냐고 부모에게 대들기도 한다.

계속 통금을 해제해 달라고 요구하며 가출까지 하는 아이들도 있다. 이렇게까지 행동하지 않도록 부모는 미리 준비하는 것이 옳다. 사춘기 아이로 견디기 힘들다고 아이와 맞수를 둔다면 후회하는 일들이 생길 수 있다.

자녀 양육에 무엇보다 중요한 것은 일관성이다.

자녀의 버릇이나 습관을 고쳐야겠다는 마음이 있다면 아이에게 부정적으로 비취는 내 모습을 먼저 점검해 보는 것이 좋다. 부모는 어른이니까 되고 아이는 아직 어리니까 안된다는 것은 아이들에게 억울함을 만들어 줄 수 있으며 부모를 신뢰하지 않게 만드는 원인이 될 수 있다.

사춘기 초반과 중반에 이를 때까지는 부모의 인내가 절대적으로 필요하다. 적당한 감독과 간섭, 합리적인 설명, 일관성 이 자녀를 건강하게 성장하게 할 수 있다.

아이들은 새벽 3시라고 해서 밤이라고 여기지 않는다.

그냥 친구들과 함께 있는 것을 좋아할 뿐이다.

그래도 부모의 적당한 통제는 사춘기 아이들에게 건강한 바운 더리를 만들어 줄 수 있다.

그러나 부모의 강한 통제는 아이를 밖으로 내몰 수 있다.

중학교 1학년인데 키가 큰 아이가 찾아왔다.

사춘기가 되면서 엄마와 여러 가지 약속했는데 지키지 않고 반 항하고 있다.

아이는 11시 통금과 함께 핸드폰 제출을 하고 있었는데 풀어 주지 않으면 학교 가지 않겠다고 강하게 반항하고 있다.

아이는 예쁘고 똑똑해 보인다.

하지만 아이가 요구하는 것을 엄마가 해결해 줄 수 없다.

아이는 사춘기를 심하게 겪고 있다.

키가 갑자기 크다 보니 만성 척추 측만증이 있어서 매일 통증 에 시달리고 있다고 한다.

그래도 친구들 만나면 아픔도 이길 만큼 좋다고 한다.

엄마는 학교도 안 가고 밤늦게까지 놀려는 아이를 어떻게 해야 할지 몰라서 SNS를 막아 놓기도 하고 협박 아닌 협박도 했지만 아이는 더 강하게 반항하기 시작한 것이다. 어느 날부터 아이가 담배도 피우고 가출도 잦고 엄마는 매일 숨 막히는 싸움을 하고 있다고 하며 눈물을 보인다.

엄마로서 아이에게 많은 것을 요구하는 것은 아니다.

하지만 아이는 계속 지킬 수 없는 것을 엄마에게 요구하고 있다. 아이와 함께 엄마도 치료받아야 할 것으로 보인다.

너무 버겁고 힘들다고 한다. 그동안 엄마는 아이와 잘해 보려고 아이에게 공약을 걸어놨지만 감당하기 어려워한다.

엄마의 모든 행동이 아이는 이해할 수 없다고 한다.

아이가 건강한 어른으로 성장하도록 도움을 주고 싶다면 부모도 아이의 변화에 보폭을 맞춰 가는 것이 중요하다.

이미 아이가 벗어나고 있다면 기다리면서 보호해 줘야 한다.

내면의 힘이 있어야 자녀의 사춘기를 잘 버틸 수 있다.

부모가 지치면 자녀의 사춘기도 건강하게 넘어갈 수 없다.

지치지 말고 버텨 보자.

자녀에게 사과하는 것이 어려우신가요?

엄마 아빠가 처음이다 보니 실수도 하고 잘못도 하게 된다. 가끔 감정에 휩쓸려 서로에게 욕도 하고 미친 듯이 퍼붓기도 한다. 부모 모두 맞대응하며 가정 폭력까지 일어나기도 한다. 이렇듯 부모의 감정이 정리되지 않으면 아이들은 눈치 보며 불안해한다. 어느 때는 더 칭얼거리기도 하고 더 엄마에게 달라붙으려 할 때도 있다.

여러분은 어떠신가요? 부모는 남아 있는 감정을 아이에게 쏟아 내기도 한다. 아이도 부모가 서로 갈등하는 모습을 보며 두려워하고 무서워하기도 한다.

부부 갈등으로 생긴 부정적 감정을 자녀에게 퍼붓고 후회하지만 이미 아이의 마음은 상처로 남게 된다. 그래도 자녀에게 "미안해! 정말 너에게 짜증을 내면 안 되는데 엄마가 너에게 그렇게 해서 정말 미안해!"라고 사과할 수 있다면 자녀는 다시 안정될 수 있다.

하지만 사과는커녕 부부의 갈등은 계속 반복되고 자녀의 정서는 더 피폐해진다. 지금 우리 가정은 행복한가? 각자 스스로에게 질문하고 나누는 시간을 가져 보길 권한다. 또한 부부의 갈등으로 아이는 부모의 부정적 정서로 만들어 낸 마음의 똥을 어쩔 수 없이 받아들여야 한다. 피할 곳이 없기 때문이다.

나름 사람들은 행복한 가정을 유지하기 위해 자신의 감정을 인정하고 공감과 배려가 중요하다는 것을 알고 있다.

하지만 부모들은 부모라는 이름으로 자신의 잘못을 인정하는 것을 하지 않으려 한다.

특히 아이들이 크면 클수록 부부 싸움의 원인은 자녀 교육 문제로 변해 간다. 아이에게 문제가 생기면 서로를 탓하기도 한다. 아이가 공부하지 않는 것도 서로 탓하다가 싸우게 된다. 아이가 학원을 몇 개 다니느냐가 중요하지 않다.

가정에서부터 부부가 먼저 상호 작용이 되어야 자녀는 집을 안전하다고 느끼며 좋아한다. 가족은 서로 유기적으로 상호작용하기 때문에 가족의 문제 행동이나 병리 현상을 어느 개인의 문제로 한정하지 않고 가족 전체로 생각하고 대처하는 것이 중요하다. 특히 자녀가 사춘기 때는 더욱 그렇다.

즉 가정 환경이 바뀌지 않으면 아이는 아이대로 부모는 부모대로 서로 감정싸움을 하며 시간을 낭비하고 아이와 더 멀어질 수 있다. 아이는 부모의 신뢰를 먹으며 건강해진다.

본 기관에 오는 아이들이 "선생님 우리 집은 개판이에요. 들어가고 싶지 않아요. 내가 들어가든지 안 들어가든지 신경도 쓰지 않아요. 엄마 아빠라도 싸우지 않았으면 좋겠어요. 나 때문에 싸운다고 하는데 제가 집에 있고 싶겠어요? 나는 이렇게 사는 것이 좋아요."라고 말하곤 한다. 한 번이라도 부모가 잘못을 인정하며 사과라도 하면 "우리 엄마 아빠는 다 나만 잘못 했다고 해요. 정말 웃겨요."라고 하며 말한다.

부모는 싸우고 나서도 아이에게 엄마 아빠가 큰소리 내서 미안해! 말이라도 하면 좋은데 언제 그랬냐고 하며 자연스럽게 묻혀 간다. 그렇게 부정적인 정서가 계속 쌓이면 아이의 미래는 어떻게 될까? 부모가 아이의 잠재 능력과 가능성을 잃어버리게 한다. 부모로부터 학습된 부정적 왜곡은 아이의 미래에 부정적 영향을 준다. 그래도 부모는 사과하지 않는다.

아이들이 가장 많이 하는 소리는 "빨리 집을 떠나 독립하고 싶어요."이다. "왜 그런 생각을 하게 된 거야?"라고 물으면 아이들은 "빨리 독립해서 혼자 살아 보고 싶어요."라고 말한다. 부모가 아이를 신뢰하지 않고 눈에 보이는 아이의 행동을 탓하기 때문이다. 아이는 부모로부터 인정받고 싶어 한다. 우리는 아이가 행복할 수 있는 말을 얼마나 하고 살까?

긍정적인 말을 얼마나 했을까? 생각해 볼 필요가 있다.

부모로부터 사과 한 번 받아 보지 않았고 사과하는 것을 보지 못한 아이들의 정서는 매우 부정적으로 사회를 바라보는 적대감을 가지고 사람들을 바라보게 된다.

아이도 부모와 다르지 않게 성장하여 어른이 되어 간다는 것이다. 자녀가 나보다 더 건강하게 성장하는 것을 원하지만 어떻게 해야 한다고 정답을 말할 뿐 방법과 방향은 가르쳐 주지 않는다.

즉 부모와 아이 모두 정서적으로 여유가 없는 것이다. 아이들은
또 묻는다.

"어른은 잘못하면 사과하지 않아도 되나요? 사과는 아이들만
하는 건가요?" "아니야! 어른도 잘못하면 사과해야지!" "그런데
우리 집은 가족들이 서로 사과하지 않아요."

이렇게 가정은 안전이 상실된 상태로 살아가고 있다.

사과를 서로 먼저 하길 기다리다가 결국 유야무야 넘어간다.

부모가 먼저 잘못을, 실수를, 인정하고 아이에게 손을 내민다
면 어떨까? "가족인데 꼭 그렇게 해야 하느냐?"라고 질문하는 부
모가 있다. 해야 한다. 잘못을 인정하고 사과하며 수정해 가야
한다.

가정에서 관계가 해결되지 않은 아이들은 사춘기가 되면 무의
식에 깔려 있던 부정적 감정으로 집에서 탈출하고 싶어 하거나
우울증과 양극성 장애도 경험할 수 있으며 자해를 스트레스 푸
는 수단으로 여기거나 친구 관계 문제가 일어날 수 있으며 정신
적 혼란으로 품행장애라는 병리적 문제가 생길 수 있다. 부모의
용서 구하기는 아이들을 여러 위험에서 건져 낼 수 있다.

건강한 어른이 되고 싶어요

얼마 전부터 청소년 도박이 너무 심각하다는 문제를 직감하고 있는 기관에서 도박 치료프로그램을 해 달라는 요청을 받고 2명의 아이를 상담하고 있다.

상담하면서 너무 놀라고 황당했다.

아이들의 도박 문제가 이렇게 심각하다니? 믿을 수 없었다.

의뢰받은 2명의 아이는 1명은 중학생이고 1명은 고등학생이다.

중학생 아이를 처음 만나면서 중학교 1학년부터 시작한 도박이 중3 되면서 학교에 적발되어 상담 프로그램에 참가하게 되었다고 한다. 거리가 멀어서 조금 어려움이 있었지만 이미 인지적으로 중독 수준인 아이를 어떻게 하면 다시 도박을 하지 않게 할까? 고민이 되었다.

물론 중독 치료 프로그램을 적용하지만 인지 행동치료로 접근해야 단기간에 해독이 가능해진다. 그래도 아이는 아버지에 대한 무서움이 남아 있어서 다행이었다.

아이는 도박은 하지 않는다고 강조했지만 여전히 돈에 대한 집착은 강했다.

150만 원을 딴 적이 있는데 그때 만들어졌던 착각이 계속 도박하게 했다고 한다.

그 돈으로 무엇을 했는지 질문해 봤다. 70만 원은 갖고 싶은 자전거를 중고로 구입했고 30만 원은 친구들과 노는데 사용했으며 50만 원은 다시 도박해서 다 잃었고 구입한 자전거까지 다시 팔았다고 한다.

아이는 "다른 애들도 다 해요."

"그러면 너는 어떻게 걸리게 된 거야?"

"어떤 애랑 도박에 대해 얘기하고 있는데 선생님이 지나가다가 듣고 교무실로 끌려갔어요.

다른 애들 다 하는데 왜 나만 갖고 그러는지 알 수 없어요."

아이는 자신이 적발된 것에 억울하다는 듯 말한다.

부모 상담을 위해 엄마를 만나 보았다.

크게 문제 되지 않을 거라고 생각하고 있다.

현재는 잘못했지만 사춘기가 끝나면 괜찮을 거라고 안일하게 생각하고 있다.

엄마 상담을 하며 도박 중독이 얼마나 무서운 것인지 말해 주고 그동안 자녀와의 문제를 점검해 주고 집에서 어떻게 해야 하는지를 조언해 주었다.

지금은 도박은 하지 않지만 자전거에 집착하여 자전거 튜닝 하는 것을 중고로 구매하여 돈을 남기고 다시 판다고 말한다.

아이를 심리검사 결과는 반사회적 행동, 품행장애가 있다고 나왔다.

비도덕성이 강하다. 치료프로그램이 끝나도 지속적인 관리가 필요하다.

도박 빚더미 가운데 불안해하는 아이

고2 남자아이다. 키도 크고 꽤 건장해 보이는데 불법도박으로 심각한 상황에 처해 있다.

무엇보다 불법도박으로 빚을 지고 빚 때문에 학교 공부보다 돈을 벌어야 한다는 생각 때문에 학생으로서 일상생활을 할 수 없다는 것이다.

아이들이 가장 많이 하는 게임이 '바카라'와 타조 눈알 맞추기, 주사위 던지기, 사다리 타기 등등 한 번의 호기심으로 시작했다고 구렁텅이로 빠져 헤어나올 수 없다.

무엇보다 불법도박으로 2차 범죄가 일어나는데 번개장터 사기, 금품갈취, 절도, 성매매 알선, 고리대금업을 통해 폭력죄까지 심각할 정도이다.

"너는 어떻게 학교에서 알게 된 거야?"라는 질문에 빚을 너무 많이 늘어나 감당할 수 없어서 담임 선생님과 상담하며 부모님께 말하게 되었고 부모님이 빚을 갚아 주면서 치료프로그램까지 받게 되었다고 한다. 상담하면서 너무 놀라운 것은 불법도박에만 손대고 있는 것이 아니었다.

심리검사를 통해 나타난 것은 반사회적 성격장애로 인한 품행장애와 심한 조울증이 있어서 약물 치료가 필요한 상태라는 것이다.

부모님을 오시라고 해서 아이 상태를 말해 주었다.

아이는 자신이 집에 들어가지 않는 이유는 엄마 때문이라고 했다.

그동안 엄마에게 들었던 심한 말이 아이 가슴속에 그대로 박혀 있었다.

물론 잘못한 것도 알고 있다고 한다.

하지만 고쳐지지 않았고 자꾸 하게 되고 본인도 고리대금을 했다고 한다.

300만 원을 빌려주고 900만 원을 받았다고 한다.

본인도 돈을 빌렸다가 못 갚아서 천만 원이 넘어가게 되니 너무 무서웠다고 한다.

이렇게까지 하면서 아이들은 도박에 빠져 있는 것이다.

"고리대금의 이율이 어떠니?"라는 질문에 30만 원을 빌리면 일주일 후에 45만 원을 갚아야 하고

연체가 걸리면 하루 하루 이자가 올라가서 2주가 되면 140만 원을 갚아야 한다고 했다.

고리대금, 즉 사채놀이를 하는 아이들이 모두 아이들이라는 사실에 더 놀라지 않을 수 없었다. 도박은 대부분의 모든 청소년들이 한 번은 시도한다고 한다.

상담받는 아이는 반 아이 중에는 1억 넘게 빚진 아이들이 여러 명 있다고 한다.

중학교 때 우연히 친구로 인해 시작한 도박이 마음의 병까지 걸리게 할 정도로 심각한 것이다. 아이는 사채놀이를 하는 아이들은 어른 되어서도 사채놀이를 할 거라고 한다.

이미 그렇게 하기로 정하고 한다고 한다.

불법도박으로 성매매 알선을 하거나 성매매 포주 놀이를 하는 아이는 어른 되어서도 그렇게 할 거라고 말한다. 도박 빚 때문에 소년원에 들어간 남자 친구를 위해 성매매하는 친구가 있었다.

결국 그 아이는 그쪽으로 흘러갔다.

우연히라고 해도 도박 중독 치료프로그램에 왔다는 것은 엄청난 기회를 얻은 것이다.

인지치료 하며 약물치료까지 겸해야 된다.

도박 중독에 걸린 아이들은 한 가지에 중독되어 있지 않다.

대부분 여러 가지 중독에 이미 노출된 상태라고 봐야 한다.

부모가 알 수 없는 아이들의 세계는 대화가 단절된 상태에서 벌어진다.

아무리 바빠도 머리가 커서 부모 말을 듣지 않는다고 해도 아이가 더 이상 범죄로 빠지지 않도록 관심을 가져야 한다.

또한 집이 무엇보다 들어오고 싶도록 해야 한다.

성장 과정에서 많은 오류를 범하고 살아가지만 반드시 제자리로 돌아와야 한다.

회복이 중요하다, 회복하려면 가정이 안정적이어야 한다.

부모 기준으로 아이들을 판단하지 말고 아이들의 눈높이로 볼 수 있어야 한다.

아무리 범죄에 노출되어 살아가고 있더라도 부모의 관심과 사랑, 그리고 가정에서의 소통은 아이가 가정으로 돌아와 다시 살아갈 수 있는 좋은 기회가 될 것이라 의심하지 않는다.

5부

가정

우리 가정은

SCT 검사에서 '우리 가정은?'이라는 질문이 있다. "이게 무슨 질문인가요?"라고 역으로 질문하시는 분도 있을 것이다. 가정에서 나는 내 역할을 잘하고 있는가? 즉 남편의 역할, 부모의 역할, 아내의 역할은 잘하고 있는지를 질문하고 있다. 만약 각자의 역할을 제대로 못 하고 있다면 가정은 힘든 곳이 된다. 대부분 자신은 아주 잘하고 있다고 하지만 함께 사는 구성원들도 그렇게 인정하고 있는지 알아볼 필요가 있다.

가정은 같은 성과 주소를 쓰는 분리된 개개인들의 집합체가 아닌 각자의 태도와 가치 행동들은 다르지만 서로 소통하고 공감과 배려로 살아가는 공동체이다.

하지만 공감과 배려가 무엇인지 알지 못하는 가정이 많다. 특히 자녀를 자신의 소유물로 여기는 부모들도 있다. 자신의 노력에 어떤 결과물로 여기는 분들도 있다. 이해와 공감을 하지 않으려고 한다. 자녀가 부모를 우습게 알 수 있기 때문이라고 한다. 어떤 가정은 자녀 교육을 스파르타식으로 한다. 아이를 양육하며 서로 책임을 전가하는 부모들도 있으며, 아이는 엄마가 키우는 것이라는 잘못된 사고를 갖고 있는 남편들도 있다. 바쁜 맞벌이라고 해도 서로 나 몰라라 하며 도움을 주지 않는 부모들도 있다.

이런 부모들의 자녀는 어떨까?

아이를 출산하면서 할머니 할아버지에게 맡기는 부모, 돈으로 보상해 주고자 하는 부모, 미안한 마음에 다 들어주려고 하는 부모, 그런 아이는 애착 트라우마로 인한 인정욕구로 보상 심리가 발달 될 확률이 높다. 가정은 아이가 사회를 처음 경험하는 곳이다. 요즘 아이들은 부모들이 바빠서 집에서 밥 먹은 적이 없다고 말한다. 배달 음식이나 편의점 음식을 주로 먹는다고 한다.

반면 모든 것을 서로 다하고 있다고 생각하는 부모들은 피해의식과 억울함이 쌓이게 된다. 억울함은 분노가 되고 분노는 부부 싸움으로 연결되며 그것을 보고 자라는 아이는 불안 장애, 정서 장애, 대인관계에 문제가 생길 수 있다.

사춘기는 아이들이 새롭게 리모델링되는 시기이다.

하지만 아이가 어렸을 때부터 정서적인 소외와 불안한 가정 속에서 성장해 왔다면 사춘기의 리모델링은 일어나지 않을 수 있다. 가정은 우리의 행동 패턴을 우리가 속한 특정한 가족 공동체로서 우리에게 맡겨진 역할을 통해 만들어져 간다.

불안정한 가정 환경의 불안정한 부모 밑에 놓인 아이는 또다시 불안정한 내면을 갖게 되고 건강하지 않은 자아로 성장하게 되며 결국 자기방어조차도 못하는 연약한 자가 된다.

아이들은 불안정한 부모로부터 마음의 똥들을 먹고 살아가고 있기에 불안정할 수밖에 없다.

즉 어른으로 성장하지만 사용할 수 있는 마음의 자원이 형성되지 않는다. 부모는 아이를 끝까지 책임질 수 없다.

부모는 아이 스스로 자신의 삶을 디자인하며 건강하게 성장할 수 있도록 도움을 주는 조력자일 뿐이다.

경제적으로 풍족하게 사는 것만이 중요하지 않다.

정서적으로 가정이 얼마나 안전한지가 더 중요하다.

그러므로 가정에서 일어나는 모든 것은 아무리 주의 깊게 숨긴다 해도 자녀들에게 모든 것에서 영향을 주게 된다.

가족은 일종의 관성이 있어서 지금까지 해 오던 방식에서 벗어나기 어렵다.

가족은 외부의 압력을 견뎌 내고 적응하는 탁월한 능력을 지니고 있다. 그러기에 가족은 사람을 살리기도 하고 죽이기도 하는 장소인 것이다.

인생의 모든 기본적인 것은 가정에서 만들어지고 세워져 간다. 한 예로 수치감에 묶여 있는 가족은 어떤 한 부분에 고착된 모습을 보이며 변화에 매우 저항적이다.

그러나 변화는 삶의 자연스러운 현실임에도 가족들은 받아들이기를 힘들어한다.

가족은 부서지기 쉬운 땅콩과 유사하다. 가족들은 상투적인 모습, 융통성 없는 역할과 관계에 매여 있다.

어느 한순간 이런 가족에게 힘을 행사하여 변화가 일어나면 그 가족은 붕괴되거나 분열되기 쉽다. 그것이 수치감이다. 또한 스트레스를 잘 흡수하지 못해서 가족들은 분열이 일어나게 된다. 현재 우리 가족은 안녕한가?

가족 중 부수는 사람은 누구이며 수치감을 느끼는 사람은 누구인가? 또한 가정에서 부정적인 영향을 주는 분은 누구인가? 알 수 있다면 수정될 가능성이 높다.

어떤 부부가 질문한다. "선생님도 부부 싸움하나요?"

부부 갈등은 누구나 있다. "감정이 올라올 때 스스로 타임아웃을 하면서 해결 방법을 찾았던 것 같아요. 남편이 많이 노력해 주는 편이지요. 대가족으로 살았던 우리 부부는 우리 개인적인 문제보다 환경적인 문제로 인한 갈등으로 힘들었을 때도 시간을 갖고 순서대로 풀었던 것 같아요. 큰소리치는 것만이 능사는 아니니까요?"

"부부 갈등이 싸움으로 해결될까요?" "아니요. 더 악순환을 만들어 갈 뿐이다. 부부 싸움은 해결책이 아니다.

부부 싸움은 가정의 평화를 깨고 가족 모두에게 생채기를 낼 뿐이다. 아무리 5년 10년 동안 연애했어도 상대방을 다 알 수 없다. "연애 때는 괜찮았어요. 이 정도는 아니었어요. 조금은 다투기도 했지만 바로 사과하면서 금방 풀렸거든요. 그런데 지금은 부부 싸움 하고 나면 서로 말을 하지 않아요. 벌써 한 달 되었어요. 서로 진짜 사랑해서 결혼했는데 실망스러워요." 이렇듯 부부 갈등은 가정이 불편해지는 결과를 만든다. 무엇보다 아이들이 보고 듣고 부정적 정서와 역기능적 정서가 학습된다.

부모의 갈등은 아이들에게 점진적으로, 조직적으로 부정적 정서를 만들게 한다.

공개적이든 비공개적이든 명시적이든, 조직적이든 부모를 보고 느끼는 것을 믿어서는 안 되는 것으로 학습된다.

결과적으로 아이들은 자신이 경험한 것을 불신하게 된다.

그와 동시에 다른 사람들도 불신하게 된다.

대인관계와 사회성에서 어려움을 겪게 한다.

사람들에게 나타나는 증상들은 자신 안에 숨어 있는 건강한 감정을 부인하고 지금 감정에 충실한 역할을 한다. 그런 증상들은 자신의 삶은 다른 사람과 다르다고 확신하면서 어떤 특정한 방식을 자신에게 허용한다. 이런 증상들은 내가 모든 것을 통제하고 있다는 망상을 갖게 만들지만 실제로는 자신의 삶에 대한 건강한 통제력을 외부적인 어떤 것에 넘겨주고 있음을 보여 준다. 모든 가정은 불안정하다. 완벽한 가정은 없다. 그렇다고 모두 불행한 것은 아니다.

즉 서로의 존재를 인정하며 이해하는 가정은 겉으로 보기에는 상반된 역학관계, 즉 친근함과 분리 사이 균형을 이루어낸다.

우리 집은 재혼 가정이에요

"그렇게 아빠와 싸우고 이혼하더니 어느 날 모르는 아저씨를 데려와서 인사하라고 하는 거예요. 앞으로 아빠 될 분이라고 하는 거예요? 앞으로 잘 지내라고 하면서요. 엄마가 어떤 분을 만나고 있는 줄은 알고 있었어요. 하지만 이것은 너무한 거 아니에요. 아빠가 있는데 아빠 될 분이라고 하면 제가 아빠라고 해야 하나요? 나에게 한 번도 묻지 않고 갑자기 아빠라고 하라는데 진짜 역겨웠어요. 엄마가 이상해 보였어요. 선생님은 이 상황이 이해되나요? 그 아저씨도 아이가 둘이구요. 우리도 둘이에요. 얼마나 어색한지 아세요. 진짜 함께 살기 싫거든요 하지만 엄마는 아저씨와 함께 살아야 한다고 하니 어쩔 수 없이 동거하고 있어요. 난 솔직히 아빠와 살고 싶은데 아빠도 다른 분과 재혼해서 함께 살 수 없어요. 어쩌다 아버지를 만나면 안쓰러워 보여요. 술 먹으면 그래도 너의 엄마랑 살 때가 좋았다고 헛소리해요. 정말 웃겨요. 이혼을 후회한다고 해요. 아빠는 너한테도 너무 미안하다고 말해요. 그렇다고 해결되는 것은 없죠!"

이런 말을 서슴없이 하는 아이가 너무 안쓰럽다.

겪지 말아야 하는 일을 너무 일찍 겪고 있으니 안쓰럽다.

가정의 불안정을 경험하며 살고 있는 아이들은 대부분 세상과 사회에 적대감이 있다. 즉 부정적인 정서와 어른들을 향한 분노가 있다.

여러분은 어떤가요? 아이가 너무 심하게 표현한 건가요?

그래도 아이가 표현할 수 있다는 것은 건강한 편이다.

이렇게 아이가 힘들어하는 것을 부모는 모른다.

이미 아이는 다른 상처투성이의 어른들을 보고 있을 뿐이다.

진짜 어떻게 해야 건강한 어른으로 살아갈 수 있을까요?

모든 해답은 가정에 있다.

가정은 아이들이 성장하는 데 많은 유해 환경균이 잠복하고 있다. 부모만 모른다. 가정에서는 어떤 잘못을 해도 용서받을 수 있고 용서해야 한다는 잘못된 착각을 하고 있다.

부모를 제외한 아이만 적용하고 있을지도 모른다.

이런 가정 환경에서 지속적으로 아이에게 부정적인 언어와 행동을 보인다면 아이는 부모를 용서하고 싶어 하지 않는다.

점점 마음의 방어벽을 굳세게 만들게 된다.

아이의 마음속 방어벽을 허물 수 있도록 도와주는 것도 부모다. 재혼할 수 있다. 그러나 가장 중요한 것은 아이와 충분히 의논하거나 이해를 구하고 아이의 동의가 있을 때 재혼하는 것은 어떨까? 아이도 준비할 시간을 충분히 줘야 한다.

그러나 대부분 재혼 부부들의 이야기를 들어 보면 어른들만 서로 찬성하고 아이들의 의견을 무시하는 경향들이 많다.

어느 날 "아줌마 오시면 엄마라고 하고 잘 지내!!"

아이가 동의하지 않은 재혼은 아이가 준비되지 않은 상황에서 무조건 받아들이라는 통보라 할 수 있다.

그런 상태로 재혼하고 나면 더 불편한 관계가 형성되는 것은 당연할 수 있다.

가정에서 그동안 경험하지 못한 문제가 생길 수 있으며 아이들은 정서적으로 매우 힘들어할 수 있다. 아이라고, 자녀라고 아직 어리다고 해서 어른 마음대로 결정하고 따라야 하는 것은 잘못된 생각이다.

자녀도 사람이다. 한 인격으로 존중해 준다면 아이도 부모가 재혼하는 것을 존중해 줄 것이다.

재혼은 결혼보다 더 중요한 일이다.

끝까지 자녀가 이해할 수 있을 때까지 기다려 줘야 하며 부모도 기다려야 한다.

재혼은 서로 다른 사람들과 다시 동거해야 하는 부담이 있기 때문에 어색한 관계에서 시작되어 따뜻한 관계로 만들어 가는 데 과정이 더 길어질 수도 있기 때문이다.

가정이 평안하면 아이들은 건강하게 자란다

건강한 가정에서 양육되지 않았다면 아이들의 내면은 정서적 혼란으로 인해 심각한 일들이 발생할 수 있다.

그렇지 않아도 청소년 시기는 호르몬의 변화로 인해 조울증,

우울증, 정신 분열 등의 증세가 나타날 수 있으며 청소년 때 회복되지 않으면 어른이 되어서도 문제가 지속될 수 있다.

건강한 사춘기란 자신의 마음을 잘 표현할 수 있는 것이다.

때로는 거칠게 때로는 반항으로 때로는 우울하고 힘듦을 경험하며 나 자신보다 친구들에게 맞춰 가며 성장하게 된다. 그것 또한 아이들이 성장 과정이다. 이때 부모와의 갈등은 대인관계 문제를 경험하게 되는 원인이 될 수 있다.

사춘기 청소년 때 중요한 것은, 부모는 아이의 감정에 따라 흔들리지 말고 아이 편에 서서 지지자가 되어 주는 것이다. 또한 긍정적이면서 건강한 반응을 보여 주는 것이 좋다.

예를 들어 아이가 어떤 말을 한다면 끝까지 들어 주고 공감을 해 주면 좋다. 부정적인 말을 한다고 해도 "응~ 그랬어? 그랬구나!" 그다음에 아이의 감정을 공감해 주면 좋다.

'그래서 속상했겠구나! 힘들었구나!'라고 아이의 편이라는 신뢰를 준다면 아이는 부모와 대화하는 것을 좋아할 것이다.

부모의 기준으로 "그건 이렇게 하면 되지!" 아직 그런 것도 못하니?" "네가 나이가 몇 살인데 아직도 그래?"라는 식의 말은 아이 마음을 닫게 할 수 있다. "그러면 너는 어떻게 풀어 가길 원해?" "너는 어떻게 생각해?"라는 질문이나. "우리 함께 생각을 정리하고 다시 말해 볼까?"라는 식의 대화가 절대적으로 필요하다.

아이가 문제를 해결할 수 있는 길을 스스로 찾아가도록 지지와 함께 도움을 주는 것이 부모의 역할이 되어야 한다. 평생 한 번의 사춘기는 반드시 나타난다. 사춘기 시기는 건강하게 발현되는 것은 가장 건강한 발달 과정이다. 부모도 아이의 변화는 어느 정도 예상하고 있었지만 갑자기 예상치 못한 변하는 아이의 모습을 수용하는 것이 어려울 수 있다. 그러므로 아이가 겪는 사춘기의 증세에 마음이 흔들리지 말아야 한다. 부모들이 더 힘들어하는 것 중 하나는 우리 아이는 초등학교 때까지 착했다는 것이다.

우리 아이가 사춘기 되어 친구를 잘못 사귀면서 변했다고 생각하는 것이다. 부모는 그렇게 내 아이는 괜찮았다고 생각하고 싶을지도 모른다. 하지만 아이는 부모가 생각하는 것처럼 위험한 상태로 가지 않는다. 즉 모두가 나쁘게 빠져들지 않는다는 것이다. 미리 걱정하지 않아도 된다. 어떤 문제가 보이거나 감정에 문제가 생긴다고 해도 '그럴 수 있다'라고 생각하는 것이 오히려 자녀에게 좋은 부모로 비춰질 수 있다.

아이는 부모와 소통의 문제가 생기면 더 반항할 수 있다.

아이는 성장하며 많은 변화를 경험한다. 그 경험은 아이에게 꼭 필요한 경험이다.

사춘기 과정을 보면서 부모들은 '잘못되면 어떡하지?'라는 조바심을 겪을 수 있다. 부모가 그렇게 걱정하며 왜곡하다 보면 아이들은 점점 마음의 문을 닫고 부모를 경계하게 된다. 만약 아이가 자신의 감정을 표출하지 않고 대화도 하지 않고 방에만 들어가 있다면 가정과 부모에게 소통의 문제가 있음을 인지해 보는 것도 괜찮다.

아이의 문제는 가정과 부모에게 있음을 알아차릴 필요가 있다. 우리 가정은 문제없고 아이와 대화를 잘한다고 하는 부모들도 사춘기 자녀가 있다면 점검해 볼 필요는 있다. 특별히 부부 상호 작용은 아이들을 건강하게 성장할 수 있는 거룩한 길이다. 부부 상호 작용은 자녀 대인관계의 기본이 된다. 지금 여러분의 가정은 어떻습니까?

부부 관계는 안녕하십니까? 사춘기의 증세는 청소년 시기에 완성된다면 어른이 되면서 더 강력하게 왜곡적으로 고착될 수 있다.

그렇지 않다면 다른 마음의 병으로 확장될 수 있다.

그것을 알아가는 방법은 부모의 사춘기를 돌아보면 된다.

자녀를 이해하는 데 도움이 될 것이다.

사회환경이 변했다 하더라도 아이들은 반드시 사춘기를 경험하게 된다. 그때가 언제인지 모른다. 꼭 중2라고 사춘기라고 할 수 없다. 더 늦게 오는 경우도 있고 더 일찍 오는 경우도 있다. 나의 사춘기는 과연 자녀들과 어떻게 다른가? 사춘기 증세는 모두 같지 않다.

사회적인 변화와 가정 환경을 통해 더 심하기도 하고 건강해지기도 한다. "우리 사춘기 때는 이러지 않았는데, 왜 우리 아이는 그런 것일까?"라는 식의 질문을 많이 하지만 부모님 세대는 놀 곳도 많고 경험할 수 있는 환경도 있었을 것이다. 그러나 요즘은 아이들에게 학교, 학원이 전부가 되어 유일하게 놀 수 있는 곳이 24시 편의점이나 노래방이 전부라 할 수 있다.

아이는 나와 다름을 인정하면서 건강한 사춘기를 보낼 수 있도록 도움을 주어야 할 것이다. 함께 아이 눈높이에서 대화하고 경험할 수 있는 것을 찾아보는 것을 권한다.

위험한 가정

매우 권위적이고 지도력은 분명하고 규칙은 매우 구체적이며 그 수위는 완벽을 추구하거나 세밀한 부모와 가정이 있다.

절대적으로 타협은 없고 부모가 정해 놓은 규칙을 반드시 지켜야 하는데, 혹시 잘못하여 어겼거나 선을 벗어났다면 단호한 처벌이 뒤따르기도 한다. 이런 가정에서 아이가 양육되고 있다면 어떨까? 아이의 반응은 "우리 아빠는 개 꼰대예요. 숨이 막혀요.

저는 방에 들어가서 거실로 나오지 않아요. 엄마도 점점 아빠와 닮아 가고 있는 것 같아요. 예의에 벗어나면 매우 혼나요. 자유가 없어요. 집에 들어서면 숨이 턱턱 막히고 답답해요.

아버지가 들어오는 소리가 나면 심장이 쫄깃해지고 쿵쿵 뛰어요." 이런 가정의 아이는 일단 말이 없다. 표현하지 않는다. 아니 말하고 싶어도 '혼날 것 같아서, 거절당할 것 같아서 무서워서 가만히 있어요.'라고 한다. 아이는 긴장과 위축 연속적으로 교차한다. 앞에서는 잘하는 것 같지만 대부분 성실하지 않다.

주의력 결핍도 있다. 현실과 이상이 다를 수 있으며 중독이나 강박 그리고 편집증적인 사고가 생길 수 있다.

아이가 스스로 생각할 수 있는 사고나 인지가 떨어질 수 있으며 부모님의 완고한 규칙대로 살다 보니 스스로 할 수 있는 자율성이나 유연성이 매우 결핍되어 있을 수 있다.

아이는 매우 수동적이다.

또한 학교생활도 친구 관계에도 어려움이 있을 수 있다. 아이는 대인관계를 어떻게 해야 하는지 모른다. 아이는 학교에서 두 가지 양상이 보인다. "모범생 같은 학교 폭력 가해자 아니면 일명 "찐따"로 불릴 확률이 높다.

항상 고군분투하지만 잡념 속에서 벗어나기 어려워 성적은 오르지 않는다. 선택과 결정이 오래 걸릴 수 있다. 이 아이는 결국 부모의 복사판이 될 수 있다. 이렇듯 완고한 가정의 아이들은 독립적이기보다 의존적으로 살아가는 것이 익숙하다 보니 창의성이 매우 부족하고 적극성이 부족하다. 이렇듯 권위적이고 완고한 가정의 아이는 아이처럼 살지 못한다. 일명 성인 아이로 살아가게 된다. 성인 아이는 매우 극단적일 수 있으며 조화를 이루며 살아가야 하는 세상에서 살아가기 매우 힘들 수 있다.

항상 건강한 균형과 중용을 추구하려 하지만 그 기준에 매번 미치지 못한다는 좌절을 경험하게 된다. 이렇듯 가정은 균형이 중요하다. 시계추가 어느 한쪽 끝으로 간다면 시계의 기능이 상실되듯이 가정도 균형을 잃으면 가족들이 외로워하고 두려워하며 살아가게 된다.

이러한 것에 지친 가정이 어느 날 반대쪽 끝으로 움직이면 거기서 그물에 걸린 느낌과 질식할 것 같은 느낌, 즉 분노를 느끼게 된다. 이러한 가정의 아이는 회복이 무엇인지 알아차리지 못하고 어른으로 성장하며 또 부모와 같은 가정을 이루며 살게 될 것이다. 학교 폭력 가해자나 피해자로 학교에서 보내오는 아이 중에 완고한 가정에서 양육되어 표현할 수 없는 감정을 폭력으로 표출되어 오기도 하며, 엄마 아빠의 이혼으로 불안정한 청소년들이 온다. 아이들은 이미 마음과 정서가 피폐해진 상태로 온다. 이런 아이들에게 해 줄 수 있는 것은 "네가 얼마나 괜찮은 존재인지"를 찾아 주는 것이다.

이미 아이들은 가정에서 두려움과 분노와 수치심으로 채워져 자신이 누구인지 잃어버린 상태이다.

수치심은 한 세대에서 다음 세대까지 전수될 수 있다.

수치심을 기반으로 사는 사람은 또 다른 수치심의 기반을 두고 살아온 사람과 결혼하게 된다. 부부들은 각자 자신의 성장한 원가족에서 물려받은 수치감을 서로에게 짊어지게 된다. 원가족에서 받은 수치심으로 가장 많이 나타나는 증상은 친밀감의 결핍으로 건강한 표현을 할 수 없기에 상대방이 알아서 채워 주기를 원하다 보니 갈등의 연속성을 갖게 된다.

이런 상태는 자녀에게 부정적인 정서를 주게 되며 대물림으로 지속될 수 있다.

그렇다면 어떻게 바로잡을 수 있을까?

가장 우선은 부모가 지금 우리 가정은 어떤 상태인지 먼저 점검해야 한다. 무엇보다 자녀에게 그동안 잘못한 것과 힘들게 한 것을 인정하고, 가족 관계를 재조명해 볼 것을 권장한다.

아이가 말을 못 해요

"우리 아이가 만 3살이 넘었는데 엄마 아빠 소리를 못해요. 저도 늦게 말했다고 해서 유전인가?라는 생각이 들지만 앞으로 전혀 말을 못하게 되면 어떻게 하지?라는 생각이 들어 불안해요. 그래서 언어치료 센터에 방문해 보니 아이 언어치료도 해야 하지만 부부 상담도 해야 한다고 해서 찾아왔어요."라고 한다. 잘 오셨어요. "혹시 부부 관계는 어떠세요?"

"혹시 부부 싸움을 자주 하시는 편인가요?"

"네, 정말 많이 해요." "혹시 아이 앞에서 큰소리로 다투기도 하나요?" "네, 우리는 싸워요." 그동안 "아이를 안고도 싸우고 아이 앞에서 물건을 던지면서도 싸웠어요." 그렇게 싸울 때 아이는 어떠했을까요? 아이가 걱정되기도 하지만 화가 나면 아이 생각이 나지 않아요. 아이에게 이렇게 나쁘게 영향 줄지 몰랐어요." 아내는 후회한다.

"아빠는 어떻게 생각하세요?" "맞아요. 많이 다투었어요. 이혼도 하려고 도장까지 찍고 법원에 가서 합의 이혼까지 했는데 주민 센터에 제출하지 않아서 살고 있어요. 자녀를 위해 다시 잘해 보려고 해도 싸움은 계속되었어요. 정말 잘못했어요. 어떻게 하면 아이가 좋아질 수 있을까요?" 아빠도 아이에게 미안한 듯 고개를 떨구며 말을 이어 간다. "이제라도 아이가 눈에 보였다면 괜찮습니다.

앞으로 부부 관계가 수정되면 아이도 건강해질 수 있어요. 말도 잘하고 좋아질 거예요." "진짜 그렇게 될까요?"

부부는 매우 진지해 보였다. 아이를 위해서라도 노력해 보겠다는 의지가 보인다.

아내는 자신이 화가 많다고 하며 어린 시절 아빠, 엄마가 많이 싸우는 모습을 많이 보고 자랐어요. 결국 두 분은 이혼하셨고 그때부터 동생과 엄마와 살게 되었는데 엄마는 일하느라 바빴고 나는 동생을 잘 돌봐야 하는 책임이 있었다고 하며 울기 시작한다. "그때 아빠에 대한 생각은 어땠나요?"

"지금도 밉지만, 예전에는 더 미웠어요. 저는 사춘기도 없었어요. 사춘기가 무엇인지 알지 못했고 늘 엄마는 우리를 여러 학원에 보내서 다녀야 했고 밤 10시가 넘어서야 집에 갈 수 있었어요. 집에 가도 동생 챙기느라 놀 시간이 없었어요. 나는 늘 억울했죠. 늘 바쁘고 고생하는 엄마를 위해 무엇이라도 도와줘야 할 것 같아서 아무리 힘들고 어려워도 말 한마디 않고 감당해야 해서 화가 나도 참아야 했어요."

그때 나 자신에게 했던 통제와 억압들이 분노가 되었을 거라고 말하며 "앞으로 어떻게 해야 할까요."

"너무 급하게 생각하지 말고 부부 관계부터 회복해 봅시다."

"아빠가 지금도 밉다고 했는데 혹시 나도 모르게 아빠에게 표현하지 못한 것을 남편에게 표현하고 있을 수도 있는데, 어떠세요?" "그런 것 같아요. 가끔 남편을 보고 있으면 아빠 닮았다고 생각되었어요. 그러면서 민감해지고 감정이 올라오면서 남편에게 함부로 대하게 되었던 것 같아요!" 그 말이 끝나자마자 남편은 아내에게 맞고 산다고 하며 "아내가 노력하지 않는다면 앞으로 계속 살아야 하는 것이 불가능하지 않을까요?"라고 말하며 너무 억울하다고 표현한다.

남편은 그동안 너무 어이가 없었다며 어떻게 나를 때릴 수 있느냐며 감정을 드러낸다.

남편이 결혼 이후부터 힘들었던 것들에 대한 말을 꺼낸다.

'아이 때문에 참았는데 아이가 말을 못 한다고 하니 진짜 어이가 없었어요.', '아이 안고 소리 지르고 욕하고 때렸다'며 이제 맞으며 살고 싶지 않다고 한다.

"이혼해서 아이는 내가 양육하며 조용히 살고 싶었어요. 아이가 아니었으면 벌써 이혼했을 거예요." 남편도 그동안의 자신을 생각하며 눈물을 흘린다. 정말 힘드셨군요?

남편의 가정도 아빠가 배를 타셨기 때문에 집에 일 년에 2-3번 정도 오셨는데 너무 무서웠다고 한다. 엄마도 많이 힘들어하셨고 심한 우울증으로 여러 번 병원에 입원하여 치료받으셨어요, 저는 결혼하고 싶지 않았어요. 그런데 아내를 만나며 평안을 찾게 되면서 결혼까지 했는데 이렇게 힘들 줄 몰랐어요. 아내가 출산 후에 예전에 도장병이라고 불렸던 피부병이 손에 생겨 아무것도 할 수 없어서 많이 도와주려고 노력했어요. 병원에서는 손에 물 대지 말라고 해서 직장 다니며 살림과 육아를 해야 해서 육아 휴직도 내서 도움을 주려고 했는데 아내의 피부병이 오래가면서 저도 지친 것 같아요. 그랬군요. 정말 힘드셨겠어요. 이런 경우 원가족도 함께 상담하면 더 빠르게 회복될 것 같아요. 혹시 엄마 아빠 함께 가족 상담 가능할까요? 어느 날 아내의 아버지가 연락하셨다. 정말 나 때문에 딸이 그런 거냐고 물으며 내가 사과하면 괜찮은 거냐고 묻는다.

진짜 우리 애가 이혼하지 않고 잘살 수 있느냐고 묻는다.

아버지는 딸 부부를 만나 정식으로 사과한다고 말하며 "잘 부탁드려요."라고 한다. 여기서 주목해 봐야 할 것은 예쁘게 아름답게 가정을 세워 갈 수 있었는데 부모의 싸움으로 자녀에게 부정적 정서가 대물림되었다는 것이다. 늘 보여 주었던 것들이 부부 싸움이요, 서로 욕하는 모습이었다. 딸은 어른이 되어서도 가정을 어떻게 세워 가야 하는지 알 수 없었을 것이다. 남편 역시 아버지에 대한 긍정적인 모습이 없었고 함께 놀았던 기억도 없다. 오랜만에 아버지가 돌아오시면 엄마와 싸우다가 다시 배를 타고 떠났기에 아내에게 어떻게 해야 하는지 몰랐으며 아내와 어떻게 상호 작용을 하는지 모르고 있었다. 또한 부성 결핍으로 정서가 불안정했으며 건강하고 아름다운 가정을 세워 가는 것이 어려움이 있었을 것이다. 부정적으로 학습된 것이 결혼해서 자신도 모르게 아버지 모습을 따라 살아가게 된 것이다.

아이는 가정에서 기본적인 사회성을 배운다. 건강한 사회성은 건강한 자아와 자존감을 형성하게 된다.

한 아이를 양육하려면 온 동네가 한마음이 되어야 한다는 말이 있다. 온 가족이 연합되어야 자녀를 건강하게 양육할 수 있다는 것이다. 부부는 점점 자신 안에 있는 부정적인 것을 알아차리고 행동 수정 하며 좋은 관계가 되었다. 드디어 아이가 말하기 시작했다. 그동안 아이도 힘들어서 표현할 수 없어서 함구증에 걸려 있었다. 지속적인 긴장과 위축이 아이의 입을 막은 것이다. 이제 아이도 가정도 부부도 모두 행복하길 기도하고 있다.

우리 아이는 느린 학습자예요

1) 느린 학습자(slow learner, 경계선 지능)란? 지적장애와 비지적장애 사이 경계선에 있는 학습자를 의미한다.

미국 정신의학회는 경계선 지능인을 기준 지능지수(IQ)가 71에서 84 사이에 속하는 사람으로, 맞춤형 교육 등의 지원을 받으면 학습과 근무 등의 생활이 가능해 '느린 학습자'로 분류하고 있다. 우리나라 현행법상 IQ가 85 이상이면 평균 범주에 해당하고, 70 이하면 지적장애에 해당한다. 느린 학습자는 지적장애는 아니지만 평균 지능보다는 낮은, 경계선의 지능을 가진 이들을 말한다.

특히 발달이 느린 아이들을 양육하기 위해서는 의, 심리, 가정, 사회의 도움이 필요하다. 혹 '진단 시기를 놓치거나', '치료비 때문에', '정보가 부족해서', '교육의 질이 낮아서', '양육자가 너무 힘들어서'로 느린 아이들이 더 이상 적절한 돌봄을 제공받는 데 걸림돌이 생기지 않길 바란다. 느린 학습자 자녀를 둔 엄마는 '아이가 엄마 때문에 그런 것은 아닐까?'라는 생각을 하는 경우가 있다, 아니다. 어느 한 사람의 잘못이 아니다. 가족 전체의 문제라고 할 수 있다.

느린 학습자로 진단받고 온 쌍둥이 엄마는 말하면서도 많이 힘들어한다. 정말 잘 양육하고 싶었고 그동안의 수고를 말한다. 쌍둥이를 키운다는 것은 한 아이를 키우는 것보다 더 많은 가족의 도움이 필요하다. '지능검사를 하지 말걸' 하며 후회하며 절망적이라고 말한다.

그동안 혼자서 양육하느라 정말 힘들었던 것 같다.

"남편이 도와주었더라면 아이가 느린 학습자는 되지 않았을 거예요. 모든 것을 내가 해야 해요. 남편은 전혀 도움을 주지도 않고 집에만 오면 자기 방에 들어가서 나오지 않아요.

그렇게 살게 된 지 벌써 9년이 되었어요. 거기에 남편은 이혼이야기도 자주 해요. 남편에 대한 부정적 감정이 있어요.

어렵게 아이를 갖고 쌍둥이를 출산 하였지만 남편도 밖에 나가서 돈을 벌어 오고 집안일은 아내의 몫이라는 기준이 있어서 도와주지 않아요." 아내는 우울과 불안정적인 정서장애 수치가 아주 높은 상태이다.

무엇보다 서로 소통이 전혀 되지 않는다며 남편을 향한 마음이 미움이 가득했다.

"남편은 자신이 사용하는 방도 청소하지 않아요. 방은 너무나 더럽고 엉망이라고 하며 결국 그것도 내가 치워야 해요."

"무엇보다 이런 남편과 어떻게 대화해야 할지 모르겠어요. 무슨 말이라도 하려고 하면 한마디로 자르거나 방으로 들어가 버려요. 남편과 대화하려면 남편이 좋아하는 음식을 만들어 놓아야 할 수 있어요. 또한 집에서 아이와 싸우지 말아야 하고, 집은 늘 정리가 잘 되어 있어야 해요. 아이와 싸우는 것이 아니라 숙제라도 해 갈 수 있도록 학습 지도하다 보면 딴짓을 많이 하고 있으니까 재촉하는 말을 하게 돼요. 그것을 본 남편이 '꼭 그렇게 해야 하느냐?'라고 말하면 너무 화가 나요. 그러면 '당신이 하든지?'라고 말하다가 싸우게 돼요. 우리는 일반적으로 말하면서도 늘 다툼으로 끝나게 되고 결국 가정 분위기를 더 우중충해지고 아이들은 눈치 보고 있어요. 아이들이 어려서부터 부부 관계는 그랬어요. 아이가 느린 학습자로 판정받았을 때는 남편은 모든 잘못이 나에게 있다고 해서 크게 싸웠거든요. 그런 남편에게 단점을 보이지 않으려고 저는 아이가 정상 범위 안에 지능이 올라가기를 바라면서 아이들을 닦달하며 노력했어요. 그렇게 3학년이 되었는데 아이는 좋아지지 않고 남편은 도와주지 않고, 너무 힘들어요. 어떻게 해야 하나요?" 자신이 누구인지 잃어버리고 지친 아내에게 정서 회복을 위해 자신을 발견하는 훈련을 해 주었다. 아내는 자신을 발견하면서 회복되어 갔다. 남편과의 관계도 좋아졌다. 고 말하며 남편과 대화법을 수정하고 싶다고 한다.

아이들의 문제도 50% 정도 내려놓을 수 있게 되었다고 하며 그동안 자신을 돌보지 못했다고 하며 "이제부터라도 나를 생각하며 살아 보려고 해요."라고 한다.

"하지만 남편은 여전히 방에만 들어가요."

남편이 더 상담하면 너무 좋은데 바쁘다고 아내만 받으라고 하니 아쉬움이 있다. 아내는 남편에게 선물을 받고 싶다고 한다. "결혼 10년 동안 생일도, 결혼기념일도 챙겨 주지 않았다고 "오늘이 제 생일인데요. 선물을 받고 싶은데 어떻게 해야 하나요?" 라고 묻는다. "남편에게 축하한다는 소리 한 번 들어 보지 못했어요. 자녀들도 내가 챙기지 않으면 아무것도 하지 않았어요. 이번엔 꼭 받아 보고 싶은데, 줄까요?"

"받을 수 있을 거예요." 나는 아내에게 "속으로만 생각하지 말고 생일이라고 가르쳐 주는 것은 어때요?"

"그동안 알려 줘도 나 몰라라 했는데 아마 주지 않을 거예요!" "작년까지는 그렇게 했더라도 오늘 한 번 더 가르쳐 주세요."

"엎드려 절 받는 거잖아요?" "엎드려 절 받는다 해도 일단 아내의 마음을 전해 보세요." 아내는 용기 내어 남편에게 "오늘이 내 생일이야! 당신에게 꼭 축하받고 싶어!라고 마음을 전했더니 퇴근하면서 꽃과 케익까지 선물로 줘서 너무 놀라서 고맙다고 말했어요." "아주 잘하셨어요."

남편은 알고 있었지만 일하느라 챙겨 주지 못했다고 하며 미안하다고 사과까지 했다고 한다. 아내는 꼭 말을 해야 챙겨 주는 것인지라는 말을 하지만 표현의 중요성을 깨닫는다.

표현은 건강한 가정을 만들어 가는 데 큰 도움이 된다.

가정과 사회에서 자신의 마음을 잘 표현하지 않는다면 다른 사람들이 왜곡할 수 있다. 표현은 관계를 건강하게 만들어 간다. '알아서 해야지?' '언제까지 가르쳐 주어야 하나요?'라고 말하는 분들도 있다. 상대방이 알아서 할 때까지 가르쳐 줘야 한다. 가정에서부터 관계가 건강해야 자녀들도 건강한 사회성을 만들어 갈 수 있다. 느린 학습자, 또는 말 못 하는 자녀를 둔 부부를 만나다 보면 부부 관계에 어려움이 있음을 알 수 있다. 부모의 문제는 자녀에게 부정적 정서가 형성될 수 있다. 건강하게 가정을 세우기 위해 부부로 살아간다는 것이 매우 어려운 일일 수도 있다. 그럼에도 가정은 반드시 지켜야 한다.

강력하게 이혼을 요구하는 부부를 만났다.

결혼생활을 그만하겠다고 말하며 찾아온 것이다.

부부의 말을 들어 보기 시작했다.

남편이 장인어른 사업에 돈을 투자했는데 현재 못 받고 있다고 하며, 그동안 장인이 해외에서 사업을 투자했다는 사실도 믿을 수 없다고 하며 장인은 한국에서 사기죄에 연루되어 법적 문제가 있었다고 하며 아내 집을 콩가루 집안이라고 한다. 하지만 장인이 암 진단을 받고도 수술을 할 수 없어 남편이 법적 문제를 해결해 주고 한국으로 데리고 와서 수술까지 시켜 주고 회복을 위해 자신의 집에서 6개월을 함께 살고 있다고 한다. "이런 상황 속에서 아내는 살림은 뒷전이고 장인과 친구처럼 지내며 돈을 함부로 쓰고, 불성실해서 화가 많이 나요."라고 하며 이제 함께 살고 싶지 않다고 한다. 아내는 장인과 오랜만에 함께할 수 있어서 좋으니까 아버지에게 그렇게 해 주고 싶다는 것이다. 언제라도 남편은 장인에게 투자한 돈만 회수하면 헤어질 거라고 하며 가장 화나는 것은 장인이 투자했던 사업이 잘되고 있는 것처럼 속이면서 투자금을 받아 갔고, 투자금은 바로 돌려줄 것처럼 말하면서 약속을 지키지 않았어요. 없으면 없다고 말해 주면 기다리기라도 하는데 오늘 나온다. 내일 나온다. 10일 후에 나온다.라고 하는데 모든 말이 다 거짓말이고 진짜 미칠 것 같아요. 그런 장인과 아내는 친구처럼 지내며 아버지가 오랜만에 왔다고 반찬도 잘해 주고 돈을 마구 쓰고 있어요. 둘 다 미친 거예요. 염치가 있으면 조용히 있다가 가야지. 돈은 주지도 않고 아내는 이 모든 것을 다 알면서 내 마음은 전혀 신경 쓰지 않았어요. 그런 아내가 말하는 말투나 인상 쓰는 것을 보면 저도 모르게 욱하게 되고 이성을 잃게 돼요." 모든 것이 장인과 아내 때문에 자신의 삶이 엉망이 되었다고 말하며 "마지막 기회를 아내에게 주는 거예요."

아내도 자신의 억울함을 말하며 "돈 빌려줄 때는 한마디 상의도 없이 빌려주고 나는 아무것도 모르는 상태인데 지금 이러는 것은 이해되지 않아요. 당연히 아버지가 아프기도 하고 오랜만에 만나기도 해서 자식으로서 조금 돌봐드린 것인데 남편이 이렇게 반응할 줄 몰랐어요. 저는 두 아이를 양육하는 것도 힘들고 암 수술하신 아빠도 불쌍하고 정말 바늘방석에 앉아 있는 것 같아요. 남편은 내가 다 알고 있을 거라고 말하는데 저는 전혀 몰랐어요, 말도 없이 돈을 벌어 보겠다고 투자해 놓고 지금에서야 나를 탓하는 것은 이해할 수 없어요. 저도 당연히 힘들어요. 아버지에게 있는 불만으로 아이들 양육에 전혀 도움도 주지 않고 원망만 하고 있으니 저는 어떻게 해야 하나요?" 부부의 얘기를 다 들어 보았다. 남편의 원가족 환경은 "엄마는 내가 태어난 지 3개월 정도 되었을 때 집에 있는 돈을 다 챙겨서 집을 나갔고, 20살이 넘어 잠깐 만나게 되었지만, 엄마는 또 돈 문제를 일으켜 지금은 집도 없이 어딘가에서 불쌍하게 살아요. 그때부터 돈에 집착하게 된 것 같아요. 그리고 엄마에 대해 신뢰가 없어서 그런지 장인에게 하는 행동을 보고 '아내도 내 편이 아니구나!'라는 생각이 들었어요." 남편은 원가족 엄마에 대한 부정적 상을 아내에게 동일시하며 불만을 토로하고 있었다. 아내는 즐거움을 추구하는 성향이다.

아내의 원가족 이야기도 들어 봐야 할 것 같다.

아내의 부모는 주말 부부였는데 엄마의 외도로 이혼하게 되었다고 하며 외할머니의 간곡한 권유로 아빠가 일하는 곳에 집을 얻어 다시 시작하려고 했지만, 엄마는 집에서 도망까지 가며 외도한 분과 함께 살았다고 한다.

"나는 아빠와 살다가 엄마가 외할머니집으로 들어가면서 다시 함께 살게 되었고 엄마가 다시 어려워져 아버지와 살게 되었어요. 아버지는 내가 사춘기가 되면서부터 일한다고 돌보지 못했고, 그 대신 제가 하고 싶다는 것을 다 해 주었어요. 제가 서울에 있는 학교에 가고 싶다고 하니까 방까지 얻어 주며 보내 주셨어요. 약간의 방황은 했지만 공부하며 대학에 들어갔어요. 사실 엄마 아빠를 통해 가정의 소중함을 느끼지 못해서 그런지 결혼을 빠르게 선택했어요."

하지만 "막상 결혼하고 나니 즐겁지 않았어요. 임신하고 출산하면서 건강한 가정을 세워 가는 것이 너무 어려웠어요."

부부가 서로 힘들어하는 동안 아이들은 아무것도 모르고 눈치 보고 있었을 것이다. 얼마나 힘들었을까?

엄마 아빠의 싸움이 아이들에게는 억압이 되고 긴장과 위축을 연속적으로 경험하며 자신의 감정을 건강하게 풀 수 없었는지 큰아이에게 느린 학습자의 증상이 보이며 발달에 부정적 영향을 주게 된 것이다. 부부 모두 아이에게는 너무 미안하다고 말한다.

"이제부터라도 다시 시작하면 됩니다."라고 위로해 주며 그동안 쌓여 있는 마음의 똥들을 치우기 시작했다. 서로에게 가장 시급하게 개선되었으면 좋겠다고 생각했던 것을 표현해 달라고 하니 남편은 아내가 아이들에게 부정적인 말을 하지 않았으면 좋겠다 한다. 특히 큰아이에게 아침마다 아이에게 신경질을 내며 하지 말아야 할 욕을 하는데, 아이가 많이 힘들었을 거라고 하며 반드시 고쳐야 한다고 말한다. 아내도 동일하게 남편이 큰아이 등교를 도와주었으면 좋겠다고 하며 남편이 도와주면 욕하지 않을 것 같다고 한다. 이렇듯 부부는 서로의 잘못된 자존심을 내려놓고 잃어버린 자신을 찾으며 가정 회복과 아이 행복을 위해 노력하기로 한다. 부부는 일어나면서 "선생님 이런 우리가 변할 수 있을까요?"

"네, 변할 수 있어요."

"다시는 엄마처럼 아버지처럼 살고 싶지 않아요." 아이를 잘 양육하고 가정도 행복했으면 좋겠어요. 저는 노력할 거예요. 그렇게 말하는 아내가 참 예쁘고 고마웠다. '아내의 말에 동의하느냐?' 남편에게 질문했더니 "그렇게 살면 너무 좋지요." "남편이 잘 협조해 주시면 반드시 건강한 가정으로 살게 될 것입니다." "네 알겠습니다."라고 하며 "꾸준히 부부 관계 회복을 위해 상담하면서 우리 아이가 좋아졌어요."라고 소식을 전해 온다.

부부 관계가 회복되며 가정이 안정을 되찾게 되니 느린 학습자 자녀도 회복된 것이다.

ADHD 아이들

ADHD 아동들은 자극에 선택적으로 주의 집중하기 어렵고, 지적을 해도 잘 고쳐지지 않는다. 따라서 선생님이 말하는 것을 듣고 있다가도 다른 소리가 나면 금방 그곳으로 시선이 옮겨 가고, 시험을 보더라도 문제를 끝까지 읽지 않고 문제를 풀다 틀리는 등 한곳에 오래 집중하는 것을 어려워한다.

또 ADHD 아동들은 허락 없이 자리에서 일어나고, 뛰어다니고, 팔과 다리를 끊임없이 움직이는 등 활동 수준이 높다. 생각하기 전에 행동하는 경향이 있으며 말이나 행동이 많고, 규율을 이해하고 알고 있는 경우에도 급하게 행동하려는 욕구를 자제하지 못하기도 한다.

유아기에는 증상으로 표현되기보다는 일상적인 행동이나 습관으로 나타날 수 있다.

젖을 잘 빨지 못하거나 먹는 동안 칭얼거리고 소량씩 여러 번

나누어서 먹여야 하고, 잠을 아주 적게 자거나 자더라도 자주 깨며, 떼를 많이 쓰고 투정을 부리고 안절부절 못하거나, 과도하게 손가락을 빨거나 머리를 박고 몸을 앞뒤로 흔드는 행동을 하기도 한다.

기어다니기 시작하면 끊임없이 이리저리 헤집고 다니기도 하고 수면 및 수유 등 일과가 매우 불규칙적인 모습을 보이기도 한다. 흔히 학교 갈 나이가 되었을 때 ADHD 증상이 의심되는 경우, 과거 유아기의 행태를 참고해 봐야 한다.

청소년 또는 성인이 되어서도 가정이 늘 좌불안석으로 생활하게 된다. 조용히 여가 활동에 참여하거나 놀지 못한다.

"끊임없이 활동하거나" 마치 "무엇인가에 쫓기는 것"처럼 행동한다. 지나치게 수다스럽게 말을 한다.

충동성 증상이 있다.

질문이 채 끝나기 전에 성급하게 대답한다.

차례를 기다리지 못한다.

다른 사람의 활동을 방해하고 간섭하기도 한다.

(예: 대화나 게임에 참견한다).

장해를 일으키는 과잉행동이나 충동 또는 부주의 증상이 7세 이전부터 있었을 것이다.

증상으로 인한 장해가 2가지 또는 그 이상의 장면에서 존재한다(예: 학교 또는 가정에서).

사회적, 학업적, 직업적 기능에 임상적으로 심각한 장해가 초래된다. 사회가 급속하게 변화하면서 ADHD를 경험하고 있는 어린이가 많이 생기고 있다. 특히 청소년 시기에는 호르몬의 큰 변화로 ADHD라고 진단을 받기도 한다.

왜 ADHD 어린이가 많아지고 있을까?

처음 태어났을 때부터 그랬을까?

우리는 다시 생각해 봐야 한다.

물론 유전적인 부분도 있을 것이다. 하지만 가정 환경과 부모의 영향이 주된 원인이라고 할 수 있다. 의학적으로도 치료할 수 있지만 더 중요한 것은 가정 환경이 바뀌어야 한다. 가정이 안전하다고 생각되면 아이들도 안전하다고 느낀다.

초등 4학년 아이를 엄마가 데리고 왔다. 엄마는 "아이는 1학년 때부터 ADHD 약을 먹기 시작했어요. 학교에서나 가정에서 집중이 안 되고 부산하다고 지적받아 병원에 갔더니 ADHD라고 해서 약을 먹고 있어요."

부모는 주말부부이다. 엄마는 계획적이고 꼼꼼하고 주입식 성향이 있으며 지적하는 성격이라고 말한다. 무엇을 해도 완벽하게 하려고 하는 자기주장이 강한 편이고 완벽을 추구하는 성향이라서 집에서 놀고 싶어 하는데 못 하게 하고 있다고 한다.

왜 그런지 이유를 물어보니 "저는 지저분한 것을 너무 싫어해요. 그래서 아이들에게 놀려면 엄마에게 허락받고 놀라고 했어요."

어머니는 어린이집 선생님이라고 소개하며 아동 양육에 대해 잘 알고 있다고 한다. 하지만 엄마는 지식적으로 알고 있지만 자녀에게 적용하지 못하고 있다고 말하며 자신부터 바뀌어야 하는데 잘 안된다고 한다. 아빠는 즐거움을 추구하고 생각을 잘 하지 않고 행동하는 분이라고 한다.

"그런 가정이라면 굳이 ADHD 약을 먹지 않아도 되지 않을까요? 엄마가 수정하면 아이는 괜찮을 것 같아요.

아이만 상담하지 말고 엄마도 함께하는 것은 어떠세요?"

하지만 엄마 자신은 상담하지 않아도 잘 알고 있다고 하며 아이만 상담해 달라고 한다. "요즘 아이가 부쩍 친구 관계를 어려워해요. 친구와 관계가 오래가지 못하고 단절해서 때론 왕따를 당하는 것 같아요."라고 한다.

아이를 만나면서 엄마가 말한 것보다 가정에서 더 심각하게 통제받고 있음을 알 수 있었다. 아빠를 보호자로 상담하며 "통제를 너무 강하게 하면 ADHD는 좋아지지 않습니다. 아이의 스트레스를 줄여 주는 것이 좋습니다. 알고 있습니다. 하지만 아이 엄마 성격이라서 조금 어려움이 있어요."

"딸에 관한 얘기는 늘 전화로 듣고 있어요. 가장 걱정되는 것은 아들과 차별하고 있는 거예요. 아들은 엄마의 말을 너무 잘 들어서 예뻐하는데 딸은 너무 독특하고 다양해서 엄마가 볼 때 정리되지 않은 모습이 많아요. 자신도 힘든데 딸은 더 힘들겠죠! 무엇을 하고 싶을 때 엄마의 눈치도 봐야 하고 괜찮아 소리보다 거절당하는 딸의 마음이 공감되지만 어떻게 해 줄 수 없어요."라고 하며 약간의 눈물을 보인다.

대부분 ADHD 아이들을 상담해 보면 부모가 강압적이고 권위적이고 지시적이다.

예의범절을 지켜야 하며 가정불화와 같은 환경에서 양육된 경우들이 있다. 또한 부모의 정서적 문제가 곧 아이들의 정서적 문제가 되기도 한다.

한 아이가 심한 ADHD로 학교 부적응과 폭력으로 찾아왔다. 아이는 분노 조절이 되지 않아 다른 아이들로부터 배척당하고 기피 대상자로 학교생활이 어려운 상태였다.

아이와 대화해 보니 엄마가 자신을 강하게 통제하고 엄마가 불안 장애가 있다고 한다.

아빠의 얘기를 들어 봐도 불안이 심한 엄마로 아이가 힘들었을 거라고 한다. ADHD 약과 분노 조절에 대한 약을 먹고 있는데 좋아지지 않고 있다고 하며 학교에서 상담이 필요하다고 하여 만나게 되었다.

아이는 학교 다녀오면 엄마 올 때까지는 학원에 갔다가 엄마와 함께 저녁 먹고 숙제하고 검사받고 씻고 자야 한다고 한다. 호기심이 많은 아이는 자신이 하고 싶은 것은 아무것도 할 수 없다고 말하며 "엄마를 상담해 주세요."라고 말한다.

엄마는 상담을 거부한다. 자신은 괜찮다는 것이다.

과연 아이는 학교를 계속 다닐 수 있을까? 매우 걱정스럽다.

한 아이가 학교 폭력 피해자가 되어 학교를 통해 방문했다.

아이는 말을 아주 잘한다. 한참 대화해 보니 ADHD가 의심되어 ADHD인지 확인해 볼 필요가 있어 검사해 보니 다행히 ADHD 경계 범위에 있음이 확인되었다.

학교 담임 선생님은 엄마에게 학교 폭력 피해가 있었음을 알리고 지혜롭게 처리되길 원했지만, 엄마는 딸에게 피해 준 아이를 학교에서 내보내야 한다고 하며 법적으로까지 진행을 한다. 아이는 그러는 엄마가 너무 싫다고 말해 보지만 엄마는 멈출 마음이 없어 보인다.

평상시에 큰딸에 대한 아픔이 있었는지 이번 폭력 사건을 통해 본때를 보여 줘야 또 그러지 않을 거라고 말하는 엄마 마음이 이해되지 않는 것은 아니다.

하지만 딸은 학교를 계속 다니고 싶어 하고 학교생활을 잘하고 싶어 하는데 아이의 말과 마음을 전혀 이해하려 하지 않는 것이다.

딸은 어린아이 때부터 미술치료와 놀이치료를 계속하며 ADHD가 증상이 호전되어 학교가 재미있고 잘 적응하고 있었는데 이번 학교 폭력으로 아이가 다시 약을 먹기 시작했다는 것이다. 엄마와 상담하며 ADHD 증상이 많이 호전되어 경계선 수치로 나왔으니 학교 폭력은 자녀를 생각해서라도 잘 마무리되길 바란다고 말해 주었다. 그 말을 들은 아이 엄마는 아이가 좋아지고 있다고 하니 학교 폭력에 대한 고소한 것은 취하할 거라고 한다. 만약 부모님이 고집하고 아이가 원치 않는 학교폭력에 대한 처벌을 계속 진행한다면 어떻게 되었을까? ADHD 증상은 다시 나빠질 수 있음을 설명해 주며 학교폭력 처벌이 최선이 아님도 알려 준다.

"먼저 아이의 말을 충분히 경청하고 아이가 어떻게 하고 싶은지가 들어 주고 아이 편에 서서 바라봐 주세요." 그리고 아이의 실수를 지적하거나 가르치려는 것보다 공감과 이해를 먼저 해 주길 부탁했다.

요즘은 어린아이 때부터 ADHD를 진단받은 경우가 많다.

보통 유아 때 또는 초등학교 들어가서 선생님의 권유로 병원에서 판정받고 약을 먹기도 하지만 사춘기부터는 ADHD와 사춘기 증상이 비슷하여 구분하기 어려울 수 있다.

중학교 1학년 남자아이가 엄마와 함께 방문했다.

학교 폭력 가해자로 지목되어 왔는데 아이는 밝은 편으로 나름 건강해 보였다. 엄마는 청소년에 대해 전혀 모르는 것 같다. 분명하고 똑 부러지는 말에서 공감과 소통에 어려워 보였다. 아이는 순수하고 아직 어린아이처럼 미성숙한 부분이 보인다. 아이보다 부모의 말을 먼저 들어 봤다.

엄마는 자리에 앉자마자 아빠가 자주 외국에 나가 계셔서 일년에 3-4번 정도 만날 수 있다고 하며 혼자 육아 하고 정성을 다해 양육했는데 사춘기 되면서 친구를 잘못 만나 학폭 가해자가 되었다고 한다.

"그럼 아이와 소통은 어떤 식으로 하나요?"

"아이가 사춘기 되면서 내 말을 들으려 하지 않아요. 지금은 서로 거의 말을 하지 않아요."

엄마는 하고 싶은 말이 많은 것 같아 보였다.

정말 잘 기르고 싶었는데 학교 폭력 가해자가 되고 나니 자신이 그동안 잘못 양육해서 그런 것은 아닌지 후회하고 있다고 하며 슬퍼한다.

"아닙니다. 혼자 아이를 양육하는 것이 어려운 일인데, 그동안 수고 많으셨어요. 무엇보다 다시 재범하지 않는 것이 중요합니다. 아이가 건강한 청소년으로 성장하며 살아가도록 저희도 도울게요."

라고 공감해 주니 엄마도 마음이 편해 보인다. 청소년 시기에 이차 성징이 시작되며 아이들이 성적으로 호기심이 많아진다. 다른 아이들도 이때 대부분 시작된다.

일단 엄마를 안심시키고 아이를 만나 보았다.

아이는 착하고 순수한 외모가 돋보였다. "어떻게 가해자가 된 거야?" 옆에 앉은 여자 친구에게 "섹스나 해 볼까?"라고 말해서 신고당했다고 한다. "너는 섹스가 뭔지 알고 있었니?"

"야동을 보긴 봤지만 잘 몰라요."

"그런데 어떻게 그런 단어를 사용하게 된 거야?"

"다른 친구가 그런 말 한번 해 보라고 해서 해 본 건데 나만 걸렸어요." "그래서 지금은 어때?"

"내가 잘못한 거니까요." 하며 고개를 떨군다.

"처음에는 너무 놀라서 친구가 먼저 시작했다고 말하려고 했는데 지금은 그렇게 생각하지 않아요. 엄마에게는 미안한데요. 저는 친구가 더 소중하거든요."

"그렇구나! 성교육은 받아 봤어?"

"초등학교 때도 다른 친구들이랑 받았는데 잘 몰라요. 아빠는 너무 바빠요. 늘 해외 출장이 많거든요."

"아빠와 연락은 자주 하고 있니?"

"네. 가끔 줌으로 하고 전화로도 해요."

"보고 싶지 않아?"

"그래서 이번 방학에 아빠 만나러 가려구요."

"그렇구나! 좋겠네?" 잠시 엄마와 이야기하며 아이의 상태를 설명해 주고 "사회적 민감성이 있어 보이며 자극 추구와 같은 위험 요소도 보인다고 설명해 주며 무엇보다 이제 사춘기가 시작되고 있는 것 같아요."

"그렇군요. 저도 그럴 거라고 생각하고 있어요. 언젠가부터 자신의 몸을 보여 주지 않으려고 하더군요."

아이는 ADHD가 아니었다. 검사 결과에서 "자기애적 요소들이 보이긴 하지만 엄마는 너무 잘 키우려 했나 봅니다."라고 말해 주니 엄마는 그때서야 웃는다. "선생님 고맙습니다."

아이는 상담과 성교육을 병행하며 지금은 학교생활을 잘하고 있다. 이 아이의 주문제는 무엇이었을까? 아버지의 부재로 인한 부성 결핍이다.

어린아이 때부터 너무 바쁜 아버지, 아버지에 대한 존재를 잘 모르고 성장하다 보니 애착이 형성되지 않아 낮은 자존감으로 다른 아이들의 말을 들어 주며 인정받고 싶었던 것이다. 아이는 아버지와 같은 지지자가 필요하다.

점점 남자로 성장하며 이차 성징도 보이는데 자신의 속이야기를 함께 나눌 지지자가 필요한 것이다.

해외에 계신 아버지와 전화하여 아들에게 아빠가 필요한 부분을 적극적으로 아들과 소통하는 방법을 찾아보도록 권면해 주었다.

초등학교 1학년 아이가 학교 폭력의 피해자로 방문했다.

엄마가 아이의 문제를 아주 크게 과장 확대하는지 조금 불편하다.

상대는 전학 온 지 얼마 안 된 아이인데 엄마의 생각은 학폭위까지 열어 반드시 그 아이를 쫓아내는 것이 목적이라고 한다. 딸을 왕따 시키고 바보 취급했다면서 엄마는 많이 감정이 올라와 있는 것 같다. 결국 학교 폭력 사건이 확대되어 학교 폭력 위원회까지 열었지만, 상대 가해 아이에 대해 학교 폭력 위원회 결정은 반 분리와 사과로 판결이 끝났다. 아이는 엄마에 대한 불만이 많았다.

"우리 엄마는 아무것도 못 하게 해요. 우리 엄마는요. 짜증도 많고 변덕이 심해요. 어떻게 엄마를 맞춰야 할지 모르겠어요." 아이의 말에 공감되었다. 무엇이 문제인가? 엄마의 피해의식과 부정적 정서, 그리고 혼자 양육하다 보니 더 잘하고 싶은 마음이 컸던 것이다.

"우리 엄마는요, 말을 잘 듣고 행동하는 동생은 좋아하고 창의적이고 호기심이 많은 나는 싫어해요. 진짜 동생만 좋아해요."

아이는 집에서 이미 왕따를 경험하고 있다. 아이에게 자율성과 유능감을 키워 준다면 아이는 천재가 될 수도 있다. 그만큼 호기심과 창의성이 많은 아이다. 엄마가 혼내지 않고 눈치 주지 않는다면 아이는 무한한 잠재 능력이 생길 것이다. 엄마에게 "아이가 자기의 생각을 말할 수 있도록 들어 주세요. 아이에게 재능이 있습니다."라고 말해 보지만 엄마는 듣지 않았다. 나는 동생이 더 걱정된다.

부모가 아이 눈높이에 맞춰 준다면 아이의 잠재력은 놀라운 만큼이나 크게 발휘될 것이다.

아이를 내 마음대로 조정하려고 하는 부모들이 의외로 많다.

자신이 하지 못했던 꿈을 아이를 통해 보상을 받고 싶어 하는 부모도 많다.

아이 얼굴만 보면 공부하라는 얘기를 하는 부모들, 한 번이라도 역지사지로 생각해 보라. 공부를 하고 싶도록 환경을 조성해 준다면 아이들은 자신의 재능을 마음껏 펼치며 미래를 스스로 디자인하며 건강한 사회인으로 성장할 것이다.

하지만 우리는 어떠한가? 어른의 눈높이로 아이에게 무언가를 요구한다면 자녀와 부모 사이는 매우 어려운 관계가 될 것이다.

결국 아이들은 사춘기가 되면서 비밀이 생기고 부모보다 친구를 더 좋아하며 부모의 말을 듣지 않는다.

이렇듯 억압적인 환경 속에서 영향을 받고 살았던 청소년들이 사회인 된다고 해도 관계 폭이나 사회성은 매우 낮을 수 있다.

부모의 눈높이로 자녀의 재능을 정하지 말아야 한다.

6부

아빠

청년의 울부짖음

26년 동안 아버지의 말에 순종했던 청년이 엄마의 손에 이끌리어 찾아왔다. 청년은 이미 얼굴도 들지 못하고 걷는 것도 퇴행되어 있는 상태였다.

청년은 밖에 나가려 하면 토하고 저녁 일곱 시만 되면 자해하고 방에서 나오지 않는 등 은둔자로 살고 있었다. 청년을 만날 때마다 전문가인 나도 놀라지 않을 수 없었다. 청년은 얼굴도 들지 않았지만, 항상 까만 선글라스를 착용하고 왔으며 상담할 때도 벗지 않고 고개를 숙이고 말소리는 너무 작아 알아들을 수 없는 상태였다. 걸음 역시 이미 퇴행되어 종종걸음을 걸었으며 엄마의 부축임이 없이는 걷기도 힘든 상태였다. 상담자인 나와 라포가 형성되어 신뢰하게 되면서 고개를 들고 드디어 눈을 마주쳤던 날은 너무 감사했다. 선글라스도 벗게 되고 공원 산책도 혼자 하게 되고 좋아지면서 청년을 위해 아버지를 만나야 할 것 같다는 생각으로 아버지 방문을 요청했다. 청년이 저렇게 된 이유에는 아버지가 있었기에 아버지의 말을 들어 봐야 할 것 같았다. 청년의 아버지는 오자마자 의자에도 앉지 않고 마스크는 4개를 덮어쓰고 경계와 방어를 심하게 한 듯 상담실에 들어와서도 앉으라고 권했지만 앉지 않고 '고칠 수 있느냐? 없느냐?'라고 따지듯이 묻는다. '고쳐질 수 있다면 얼마나 걸리겠느냐?'라고 물어만 본다.

나는 청년의 감사 결과지를 가지고 설명을 해 주고자 했으나 '다 필요 없고 고쳐질 수 있느냐?'라고 물어보는 것이다. 고쳐지고 고쳐지지 않는 것은 앞으로 '아버지와 청년의 관계가 중요한데 아버지가 도와줄 수 있느냐?'라고 물었다. 아버지는 딸의 모든 증상은 코로나19로 취업이 되지 않아 생긴 코로나 블루 현상이라고 한다. 아버지는 딸을 너무 모르고 있다.

딸이 왜 아픈지를 알려고 하지 않는다.

아버지의 말투와 행동을 보면서 왜 청년이 그렇게까지 아프게 되었을까 반추가 된다.

청년도 아버지에게 억압과 통제를 통해 순종만 했기에 아버지와 정서적으로 어떻게 분리하는 것인지 모르고 있었다.

아버지는 항상 청년에게 "네가 우리 집 큰딸이니까", "네가 잘 되어야 동생도 잘되는 것"이라며 잘해야 하는 책임감을 심어 주었다. 중학교 때부터 공부를 잘해야 취업이 잘되고 취업해야 그동안 고생한 아버지에게 효도할 수 있다고 하며 아버지는 취업에 대한 부분을 늘 강조했다고 한다. 아버지는 이렇게 한번 말하기 시작하면 2시간씩 계속 같은 말을 했으며 무릎을 꿇고 들어야 했단다. 그동안 아버지의 말과 행동으로 청년은 불안과 우울증세가 심해져 자신의 고통과 싸우고 있었다. 청년은 성인이 되어서도 아버지에게 같은 소리를 들어야 했고 이름만 부르면 가슴이 내려앉는 공황 증세까지 생겨 밖에 나갈 수 없는 상태까지 이르렀다. 청년은 변하지 않을 것 같은 아버지의 말과 행동으로 인생까지 정리하려 했었다. 그런 청년이 이제 용기를 내 보고자 한다. 하지만 청년의 날갯짓은 금방 꺾어지곤 한다. 그동안 부정적 아버지의 말과 행동으로 청년은 다 고통이 되고 희망을 잃고 모든 것을 포기했었다. 청년은 그동안 아버지의 억압과 통제로 인해 자신이 누구인지 잊었고 어떻게 해야 하는지 다 잊고 그저 죽지 못해 살았다고 했다. 아버지의 발소리만 나도, 아버지가 퇴근해서 현관문 열려고 비밀번호 누르는 소리만 나도 청년은 숨을 쉴 수 없어서 자해를 시작했었다. 얼마나 힘들면 그랬을까? 이제껏 아버지에게 말 한마디 못 했다고 한다. 초등학교 때 말하면 대꾸한다고 맞았던 기억이 트라우마로 남아서 사춘기 때도 말로 표현해 본 사실이 없었다고 하며 이제야 눈물을 흘린다. 눈물을 흘리는 것을 보니 '치료가 시작되는구나!'라는 생각이 든다.

청년은 점점 자신을 찾아가기 시작했고 회복되어 갔다.

하루는 취업을 위해 이력서를 넣었다고 한다.

밖에 나가려고 하면 토하기까지 했던 청년이 이제 취업에 도전하는 것이다. 드디어 ○○대 재정 담당으로 취업되었다. 아주 성실하게 2년 동안 잘해 내고 지금은 퇴직하고 정규직을 준비하고 있다. 나는 청년이 가지고 있는 잠재 능력을 찾아가도록 도움을 더 주고자 한다. 청년도 자신이 이렇게 활동적이고 힘이 있었는지 신기하다고 하면서 스스로 여행도 가 보고 싶다고 한다. 청년은 많은 변화를 느끼며 자기 '스스로 잘 할 수 있구나?'라는 것을 발견하면서 자존감도 높아졌으며 지금은 아버지와 대화도 가능해졌다.

하지만 엄마가 외출하고 아버지와 둘이 있는 동안은 매우 불편함을 느끼고 있고 대인 관계에서도 아직 불편함을 느낀다고 한다. 또한 무엇을 결정하려고 할 때 많이 긴장되고 불안하며 아직 아버지와 같은 분을 만나면 "얼음"이 되어 아무것도 할 수 없는 정도의 불안이나 위축이 있음을 알아차리고 치유하고 있다.

이제는 독립적으로 사고하고 행동하는 것이 청년에게 매우 자연스러워졌다. 그렇게 딱 부러지는 듯한 행동과 말을 하고 간 아버지도 청년이 아버지로 인해 무언가 불편하다고 표현하면 미안하다고 사과하고 있다고 하며 아버지도 이제 노력하고 있다고 한다. 청년에게 취업 얘기도 하지 않고 책임감 얘기도 하지 않고 들어 주려고 노력하는 아빠가 되었다고 한다. 또한 청년 역시 아버지의 살아온 길을 이해하려고 하고 있으며 그럴 수밖에 없는 아빠의 자란 온 환경을 이해하고자 한다. 아직 자신의 상처가 크다 보니 시간이 걸릴 뿐이다. 부모에 의해 생긴 트라우마는 이렇듯 어른이 되어서도 계속 고통으로 나타난다.

청년이 회복되어 가며 가정도 건강해지고 변화하고 있음이 감사하다. 비록 청년은 아프고 힘들었지만 잃어버린 자신을 찾으며 주위 사람들도 변화하고 있다.

한 사람의 변화를 위해 가정과 가족들이 함께 노력해야 한다. 청년의 아빠처럼 자녀가 왜 그러는지 모르고 있다면, 모두 자녀의 문제로 생각하게 되고 자녀는 회복되지 않을 것이다. 자녀가 힘들다고 한다면 부모가 먼저 무엇이 잘못되었는지 점검해 보길 바란다.

아빠를 고쳐 주세요

한 청년이 급하게 찾아왔다.

응급으로 상담받아야 한다고 했다.

지난주에 외할아버지가 소천하셔서 상담을 못 했는데 장례를 치르면서 많이 힘들었다고 생각했다. 평소 부정적인 비판이 강했던 아버지가 장례식장에서도 부정적이고 폭력적인 모습을 보였다며 너무 힘들어 몸이 떨리고 힘들었다고 한다. 청년은 완전 번 아웃 된 상태로 방문했다.

얼마나 힘들었으면 아버지를 저렇게 미워하게 된 것일까?

또 청년은 할아버지의 죽음을 목격하며 자신의 삶에 무가치함을 발견했다고 하며 살고 싶지 않다고 한다. 변하지 않은 아버지를 보며 너무 슬프고 죽을 것 같은 공황 장애까지 나타나 죽을 것 같았다고 한다.

결국 아버지의 행동은 엄마를 화풀이 대상으로 삼고 폭력까지 행사하고 풀리지 않은 감정을 딸에게도 큰 피해를 주고 다시 아프게 하고 있다. 청년은 아빠에 대한 증오가 올라와 자해하고 죽으려고 하는 딸을 엄마가 응급으로 상담 요청을 한 것이다.

엄마와 딸을 힘들게 했던 아버지는 언제 그랬냐는 듯 아무것도 기억하지 못한다고, 모른다고 하며 엄마에게 오히려 사과하라고 소리치고 있다고 한다. 엄마는 딸을 위해 의미 없이 사과하고 용서를 구했다고 한다.

청년은 아버지의 그런 모습을 보며 자신의 무가치함을 알게 되었다고 말하며, 청년은 가정에서 그동안 제대로 된 이름이 없었다고 한다. 동생은 이름이 있고 자신의 이름은 장녀라고 하며 장녀로서 늘 책임감만 주어졌고 아버지는 장녀는 이래야 하고 이렇게 해야 한다고 강조했기에 이제 모두 놓고 싶다고 말하며 살아갈 이유가 없다고 한다.

얼마나 힘들었으면 청년은 퇴행되어 아무것도 할 수 없는 상태로 변한 것일까?

그동안 아버지에 대한 트라우마 치료도 하며 정말 좋아져서 직장도 다녔고 아버지와 말도 하는 사이가 되었었는데 할아버지 장례식장에서 했던 행동은 정말 이해할 수 없었다고 한다. 아버지의 또다른 모습을 보게 되었다고 하며 아버지는 살아야 하니까 자신이 죽어야 한다고 한다. 장례식장에서 외갓집 가족들에게 트집 잡으며 욕하는 모습을 보니 자신에게 했던 모습이 다시 떠오르며 죽고 싶다는 것이다.

충분히 이해된다. 얼마나 힘들면 저런 생각을 했을까?

청년의 아버지 문제는 무엇일까?

아버지를 다시 소환 요청했다.

엄마와 아버지가 함께 왔다. 이번에는 지난번보다 경계를 덜하지만 낯선 사람에 대한 경계는 여전히 심하다.

아버지는 딸의 증상을 프로파일로 설명해 준다고 하니 거부하지 않고 듣는다. 아버지에게 받은 상처로 딸이 좋아졌다가 다시 심해진 것임을 설명하니 듣는다. 아버지가 가정에서 어떻게 해야 하는지와 엄마와의 관계에서 어떻게 해야 하는지를 가르쳐 주었다. 아버지는 딸이 그렇게 아프고 힘들다고 해도 자신이 무엇을 잘못했는지 나 몰라라 했던 아버지다. 딸이 무엇을 원하는지, 왜 저렇게 아픈지, 힘들어하는지 나 몰라라 했었다. 딸은 아버지의 따뜻한 말과 들어 주는 것이다. 아빠로 인해 "그동안 정말 힘들었었구나? 네가 아빠로 인해 그렇게 상처받고 있었는지 몰랐어? 정말 미안해!!"라는 말과 함께 사과하는 것이다.

그러나 아버지는 딸이 왜, 힘든지, 얼마나 정서적으로 심각한지, 관심이 없었다. 아버지는 여전히 큰딸은 장녀로서 역할을 다 해야 하는 것을 딸은 그런 아버지의 말은 이제 듣고 싶지 않다고 반항하는 것이다.

이런 관계 속에서도 아버지는 딸에게 "늘 파이팅, 힘내야지? 빨리 이기고 취업해야지?"라는 말만 했다고 한다. 딸은 "제발 나를 아는 척하지 마! 그런 말 하지 마!"라고 말하고 싶었단다.

나는 아버지에게 "딸에게 진심으로 사과하는 시간을 갖는 것은 어떠세요? 딸 이야기를 끝까지 경청해 주는 것은 어떠세요?"라고 질문해 본다. 아버지는 딸에게 어젯밤에 미안하다고 했다며 "언제까지 더 미안하다고 용서를 구해야 하느냐!"라고 묻는다. "진짜 미안함과 용서는 그렇게 하는 것이 아닙니다. 미안하다는 단어만 쓰는 것은 누구나 할 수 있어요, 아버지 속마음에 진짜 내가 딸에게 잘못했음을 인정할 수 있나요?

진짜 딸을 사랑하세요? 진짜 딸에게 미안한 마음이 있는 건가요? 그렇다면 '미안해!'라는 말을 많이 하는 것보다 딸이 왜 힘들어하는지 알아차리고 딸에게 용서를 구하고 그동안 딸에게 했던 것들을 반복하지 않으면 됩니다."라고 말해 주니 "노력해 볼게요."라고 한다. 이번에 딸이 다시 아프고 힘들어하는 모습을 보며 아버지도 변하고자 노력하고자 하는 모습을 보니 이제는 딸도 건강해지겠구나라는 마음이 든다. 좋은 부모, 건강한 어른이 되려면 우리는 어떻게 해야 할까? 정답은 가정환경에 따라 조금씩은 다르겠지만 핵심은 공감과 인정, 경청과 반응이라고 할 수 있다.

삶을 완벽하게 통제받으면 건강하게 살아갈 수 있는 사람은 없다. 통제를 받으면 받을수록 사람은 스스로 할 수 있는 것조차 잃어버리게 된다. 진정한 용서 구하기는 시간이 걸릴 수 있다. 그래도 할 수만 있다면 자녀와 용서 구하는 시간을 가져 보길 바란다. 서로 잘못한 것을 인정할 수 있다면 가족은 더욱 유연한 관계가 될 것이다.

우리는 대부분 갈등을 불편해한다. 그래서 회피하기도 한다.

회피는 갈등을 더 강하게 만들게 되며 부정적이며 왜곡적인 사고를 만들어 간다.

사람마다 갈등을 해소하려면 시간과 노력이 필요하다. 때론 갈등이 해소되지 않아 화가 날 때도 한 번쯤 호흡을 가다듬고 다시 대화로 풀어 가는 것이 건강한 분노라고 할 수 있다. 건강한 분노는 스스로 자신의 감정을 건강하게 표현하는 것이다. 부정적 감정이 올라올 때는 멈추는 연습도 필요하다. 만약 자신에 감정을 표현하지 못하며 산다면 억압된 분노가 자신을 병들게 하고 억울함에 빠져 정서장애를 경험하며 살게 된다.

"사람이 태어나 어떤 인생을 살다가 어떤 인생으로 마무리하는 것이 가장 좋은 삶인가?"라는 질문을 하게 된다.

사람들은 누구나 죽는다. 하지만 어떤 인생과 삶을 살다가 갈 것인지는 진지하게 자신을 돌아보며 생각해 봐야 할 것이다. 수많은 사람들이 후회하며 자신의 삶을 마무리하는 것을 보게 된다. 누구나 인생의 결말을 잘 하길 원한다. 후회와 죄책감, 열등감, 억울함으로 인생을 마무리하고 싶은 사람은 없을 것이다. 그렇기에 관계 안에서 '용서'는 참으로 중요한 메시지다. 예수님도 '회개'를 중요하게 여기셨다.

마음의 똥이 가득한 것을 모르고 살아간다면 그는 모든 삶에서 썩은 냄새가 날 것이다.

본인만 모른다. 그 사람의 주위 사람들은 썩은 냄새가 난다고 말해 주었을 것이다. 하지만 인정하지 않았을 뿐이다.

이왕 살아가는 것 아름다운 인생을 살아가는 것을 적극적으로 추천한다.

부모를 용서해야 하는 이유는 앞으로 내가 만들어 나갈 가정에서 좋지 않은 역동 관계를 지속시킬 수 있기 때문이다.

용서는 가정과 가족들의 큰 자원이다.

자녀들에게 실패한 부모라는 것을 받아들이는 것은 매우 힘든 일이다. 그러나 부모는 자녀에게 실패한 부모를 자꾸 보여 주고 있다. 이렇듯 역기능 가정에서 성장한 자녀들에 외상 적인 기억들은 또 다른 역기능 가정을 만들어 간다. 만약 나는 절대 그렇게 살지 않겠다고 다짐했다면 용서를 위해 먼저 가능한 많은 고통을 인정하고 받아들일 준비부터 해야 한다.

그러기 위해서는 먼저 자신을 용서할 수 있어야 한다.

역기능 가정에서 만들어진 부정적인 생각과 낮은 긍정적 정서들을 먼저 용서할 수 있어야 한다.

자신을 용서하지 못하는 사람은 다른 사람들을 용서할 수 없다. 우리는 대부분 다른 사람들을 용서하는 법을 배우는 것이 자기 자신을 용서하는 법을 배우는 것보다 훨씬 쉽다고 생각한다. 이것은 엄청난 착각이다.

우리가 자신에 대해 붙들고 있는 정서적인 차용증서는 우리가 다른 사람들에 대해 붙들고 있는 것만큼이나 실제적이고 파괴적이다. 용서는 '나는 인간이다.', '나는 실수한다.', '나도 넘어질 수 있다.'라는 것을 시인하는 것이다.

용서는 자신뿐만 아니라 아이들까지도 마음의 상처가 치유될 수 있다. 용서는 관계를 다시 써 내려간다.

우리나라 역사적으로 침략을 많이 당하면서도 버티면서 세워진 나라다. 그래서 우리나라는 용서라는 단어보다 피해의식이 더 강할 수 있는 나라다. 사회적으로도 우리나라 사람들은 억울함과 열등감이 강하다. 그래서 용서라는 것이 쉽지 않을 수 있다. 하지만 용서는 반드시 필요한 것이며 모두에게 평안을 가져다준다. 내가 먼저 나를 용서하고 자녀와 가족을 용서하며 살아간다면 건강한 가정과 건강한 사회, 그리고 건강한 나라가 만들어질 것이다.

폭력적인 아버지와 자녀

술만 먹으면 가정을 파괴하고 아내와 심각하게 싸우는 집에서 사는 아이가 엄마와 찾아왔다. 엄마는 이미 지칠 대로 지친 모습이고 아이는 사춘기가 시작되며 선생님들과 할머니 엄마의 카드로 게임에 현질 하고 지갑에서 돈을 꺼내 마음대로 물건을 사기도 하고 하지 말라고 하면 아버지처럼 행동하고 있다고 한다. 또한 할머니 휴대폰에서도, 선생님 휴대폰에서도 엄마 휴대폰에서도 이미 몇백만 원씩 현질 하며 게임을 지속하고 있다고 한다.

아이를 만나 보니 무엇보다 아이 내면에 아빠에 대한 분노가 너무 심해 보였다.

아이 말에 의하면 아버지는 술 안 먹으면 좋은 분 같은데 술만 먹으며 폭력자가 된다고 하면서 엄마를 지켜야 한다고 한다. 엄마를 보호하기 위해 매일 칼을 만들고 어떻게 하면 한 번에 아버지를 죽일까 생각 중이라고 한다.

아들은 자신이 하는 생각과 행동이 나쁜 것임을 알고 있다.

학교에서도 어떤 일이 있었는지 스스로 말하며 잘못한 것을 시인한다.

왜, 부모들은 이렇게까지 아이를 망가트려 놓는 것일까?

왜, 자신 안에 있는 감정을 처리하지 못하고 아이도 폭군으로 만들고 있는가?

아버지를 만나기 위해 여러 번 요청했지만 오지 않는다.

학교에서 이미 다른 학교로 전학 가면 어떻겠냐고 선생님으로부터 지속적인 권면을 받고 있다고 한다. 아버지는 아이가 잘못하면 혼내고 때릴 수도 있는 것이지 그런 것 가지고 아이가 잘못된다면 정상으로 살아갈 사람이 어디 있냐고 하며 전혀 수정할 마음이 없다.

아들은 지금 학교 폭력으로 등교 정지를 받고 학교에 가지 않고 있다.

자신이 잘못한 것을 알아차리고 있는 아이, 반 아이들에게 칼을 들거나 가위를 들어서 위협하고 패드립을 너무 심하게 하고 도저히 학교에 보낼 수 없다고 하며 엄마는 슬퍼한다. 아이는 미숙하다. 사춘기는 미성숙한 행동을 많이 한다. 하지만 아이는 유난히 심한 상태다. 아버지로부터 엄마를 지키고 싶은 마음이 강하지만 엄마에게 욕하며 폭력 하려고 하는 혼란스러운 마음도 있다.

너무 증상이 심해 약물치료도 병행하도록 권하며 지속적인 인지행동치료가 필요하다.

부모는 자녀에게 함부로 해도 되는 존재가 아니다. 자녀는 부모에게 맡겨져 양육을 받아야 하는 사람이기 때문에 반드시 용서를 구해야 한다. 그리고 부모부터 정상적인 삶을 살아야 한다. 술로 회피하고 폭력을 행사한다면 아이는 범죄자로 빠질 확률이 높아진다. 아이는 부모를 통해 모든 것이 학습된다. 반드시 부모가 한 행동은 아이를 통해 뒤돌아 온다는 것을 잊지 않기를 바란다.

가족이 주는 안정

처음 아이를 만났을 때는 특별교육으로 기관에 학교 폭력으로 징계받고 방문한 때이다. 아이는 유난히 에너지가 많고 감정을 과하게 사용하고 자기과시도 강하게 나타내려 했다.

아이는 아빠를 너무 미워하고 우울증과 불안 장애가 상당히 차지하고 있었다.

특별교육을 함께 받고 있었던 후배가 자신도 상담받고 있다고 하며 "언니도 받아 봐 좋아!!"라고 말하니까 "저도 우울하고 힘들어요. 저도 해 주세요."라고 하며 상담은 시작되었다.

아이는 이미 불안이 내재화된 중증 우울증으로 진행되고 있어서 약물치료도 필요함을 부모님께 연락드렸다.

아이 내면에는 아버지에 대한 원망과 미움이 가득했다.

아버지는 아이가 태어난 직후 큰 사고가 일어나서 중환자실에서 2년을 의식불명으로 지내다가 극적으로 살아났다고 한다. 아이는 엄마 곁에 있지 못하고 외할머니에게 보내져 초등학교 들어가기 전 집으로 왔다고 한다. 아버지는 회복되었지만, 할머니는 아이를 보내지 않았다. 아버지와 아이의 사주가 서로 맞지 않는다고 하며 아이를 집으로 돌려보내지 않은 것이다.

아이는 할머니 집에서 있을 때를 회상하며 말한다. 선생님 저는 유치원에 다녀와서도 늘 혼자 놀았어요. 다른 아이들은 학원에 다 다니는데 저는 혼자 놀아야 했어요. 저도 학원 가고 싶었는데 할머니는 보내 주지 않았어요.

얼마나 외로웠을까?

"그리고 엄마가 와도 나는 엄마에게 쉽게 갈 수 없었어요. 혹시 엄마에게도 해가 될 것 같아서요. 엄마는 할머니댁에 오면 늘 힘들다고 했고 잠만 잤어요. 그래서 엄마 곁에 가면 할머니에게 혼났어요. 엄마 자게 내버려 두라고 했거든요.

엄마와 나는 점점 어색한 사이가 되었어요."

"하지만 8살이 되어 학교 입학을 위해 집에 어쩔 수 없이 와야 했고 집에 왔을 때는 모르는 집에 온 것처럼 익숙하지 않고 불편했어요. 엄마는 자신의 삶을 찾고자 열심히 공부해서 지금은 공무원으로 일을 하고 있어요. 그래서 저는 초등학교 들어가서도 늘 혼자 집에 있어야 했어요. 언니도 오랜만에 집으로 온 나와 어떻게 놀아야 하는지 몰라서 그런지 나를 때리고 심부름시키고 힘들게 했어요. 어느 날 언니가 하도 때려서 맨발 벗은 채 경찰서에 찾아가 도피한 적도 있어요." 아이는 말하며 눈물이 쏟아진다. 왜 아니겠는가?

할머니와 살 때보다 집에 살 때가 더 힘들었던 것이다.

언니라는 존재를 모르고 있었는데 어느 날 집에 가니 자신을 학대하고 힘들게 하는 사람이 언니라고 하니, 얼마나 힘들었을까? 아이의 마음을 그 누구도 지지해 주는 사람은 없었다.

부모님을 여러 번 오시라고 요청했지만 모두 바쁘시다고 오지 않았다. 아이는 말한다. "부모님은 아마 못 올 거예요. 안 오실 거예요. 엄마는 올 수도 있을지 모르지만, 아버지는 정말 오지 않을 거예요."

"왜 그렇게 생각하니?"

"아마 나에게 전혀 관심이 없으니까요." "그렇구나!!"

더 이상 말할 수 없었다.

정말 아이 말대로 아버지를 만나 보기 꽤 어려웠다.

결국 3년 동안 3번 정도 만났다.

아이는 상담하는 내내 "저는 20살만 되면 집을 떠날 거예요. 진짜 집에 오지 않을 거예요. 저는 집이 싫어요."라고 반복적으로 말했었는데 20살이 되어 진짜 집을 떠나 대학교 근처에서 자취를 시작했다. 그 후 집에 온다고 해도 필요한 것만 가지고 바로 나간다고 했다. 무엇보다 걱정되는 것은 아버지와의 애착이 형성될 기회가 없다 보니 남자에 대한 경계가 세워지지 않았다. 아이의 경계를 세워 주기 위해 아버지의 역할이 필요한데 아버지와 애착이 형성될 기회조차 없었던 것이다.

가정에서 부모의 사랑은 절대적으로 필요하다. 아이의 미래가 달려 있기 때문이다. 무엇보다 부모와 아이가 모두 상담받는 것이 가장 효과적인 방법이라는 것도 알게 되었다.

정말 건강한 성인이 되어야 하는데, 끝내 아버지의 결핍은 아이에게는 늘 채우고 싶은 빈 주머니 같은 것이 되었다.

부모의 건강한 역할은 아이를 건강한 성인으로 세워 가며 건강한 가치관을 형성하게 되고 세상을 이기는 사람으로 성장하게 한다.

7부

불안정한 가정,
불안정한 부모

도박 중독에 걸린 아이

24세의 청년이 엄마와 찾아왔다.

청년은 매우 예의 있고 착해 보였다.

청년에게 담배 냄새가 심하게 나지만 말도 잘하고 자신이 잘못하고 있는 모습을 바꾸고 싶다는 의지도 있어 보인다.

청년의 말을 들으며 아주 어릴 때부터 심한 유기와 폭력, 애착 손상이 있었음을 발견한다.

어머니를 만나 이야기를 나눠 본다. 청년의 얘기에 엄마도 동의한다. "그랬을 거예요. 아이가 모르고 있을 줄 알았는데 다 알고 있는 것 같아서 더 속상하네요."라고 한다.

"출산하고 내가 정서적으로 힘들었었는지 큰아들이 유난히 미

웠어요. 나도 매우 감정 기복이 심하게 나타났고 아이를 사랑한
다는 것이 너무 힘들었어요. 시댁과 남편과의 관계도 좋지 않아
엄마가 주 양육자였지만 아이가 미워서 사랑하지 않았어요. 그
후 둘째가 생기면서 더 힘들다는 이유로 큰아이는 진짜 사랑하
지 않았어요. 아빠도 큰아이를 유독 미워했어요. 남편은 워낙 술
을 좋아했고 욱하는 성향이 강한 데에다, 화날 때마다 아이에게
화풀이를 했어요." 정말 기가 막힌 일이다. 엄마는 "내가 왜 그랬
을까? 정말 후회돼요.

지금부터라도 선생님이 하라는 대로 해 볼게요."

하지만 불가능한 답변임을 금방 알게 되었다.

엄마의 통제, 엄마의 말투, 아버지의 말투, 감정 다루는 것이
전혀 개선되지 않는다

큰아들에게만 문제 있고 고쳐야 함을 말한다.

어떻게든 도박만 안 했으면 좋겠다고 말하면서 부모는 수정할
마음이 없는 것이다.

"큰아들은 사채까지 끌어다가 도박하고 잃은 상태예요."

친구의 돈까지 빌려서 도박하고 캐피탈에서 대출까지 받아서
도박으로 빚이 2천만 원이 넘는다고 하면서, 부모는 아들을 통제
하는 것이 습관 되어 아들이 왜 그런지 원인을 찾아 함께 수정하
려는 의지가 없다. 아들은 현재 성범죄까지 신고된 상태다. "성

범죄는 변호사를 통해 합의하고자 해요. 변호사 비용만 2천만 원이 넘어요. 고쳐질 수 있겠죠?"

"고쳐질 수 있어요. 하지만 한 사람의 노력도 중요하지만 온 가족이 함께 노력하는 것이 더 중요해요."라고 하며 다시 부탁해 본다. "부모와 가정이 변화하기 시작하면 반드시 아들도 변화될 수 있으니 함께 수정해 보자"고 요청했다. 부모도 노력해 주고 큰아들은 간혹 어머니와 아버지의 말투 때문에 화가 나서 연락되지 않는 경우만 빼고 대부분 상담을 잘 받으러 온다. 많은 변화가 일어나고 있다. 도박이 아직 생각나긴 하지만 예전처럼 현질하지 않고 거짓말하고 친구에게 돈 빌려서 불법도박 사이트에 들어가지 않는다.

이렇게 부모님과 가정에서 함께 노력해 준다면 도박은 반드시 치료된다. 청년은 어느 날 자신도 교회 다닌다고 하며 "제자 훈련도 받고 있어요."라고 하며 더 안전하게 성장해 가고 있다.

얼굴도 밝아지고 자신감에 차 있고 도박이 전혀 생각나지 않는 것은 아니지만 생각나도 절제할 수 있다고 말한다.

얼굴만 봐도 확실히 좋아짐이 느껴진다. 고2 때 친구를 통해 도박을 접하게 되면서 벌써 6년 이상 도박을 하고 있다.

그런데 어떻게 한순간에 도박을 하지 말라고 해서 중독이 사라지겠는가? 아들의 자존감을 부모와 함께 세워 가면서 도박중독에서 벗어나고 있다.

지금은 아들이 배드민턴에 푹 빠져 있다. 무엇을 하든지 꾸준히 한다. 배드민턴에 엄청 재미를 느끼고 있어서인지 만나기만 하면 자랑한다.

교회도 열심히 나가고 올해부터 초등부 교사로 봉사한다고 말하며 자신이 왜 도박을 했는지 잘 모르겠다고 한다.

교회 안에 좋은 청년들이 많다고 하면서 자신의 과거를 알까 봐 두렵기도 하단다.

교회 청년들에게 무엇이 가장 좋아 보이냐고 질문하니 성실해 보이고 자기처럼 엉망으로 살지 않는 것 같아서 좋다고 한다. 엄마와 같은 여자 친구를 만나고 싶다고 한다.

엄마와의 관계가 풀리고 나서 엄마와의 애정 거리가 많이 가까워졌다. 이제는 청년에게 안정감이 느껴진다.

학교 폭력으로 오는 아이들과 부모들

학교폭력은 여러 사안들이 있지만 언어폭력 하면서 성희롱까지 한 중학생 4명과 엄마와 아빠들이 오셨다. 성인지교육이 필요하다고 학교 담당 선생님이 요청하신다. 오전에 교육 담당 선생님이 한 엄마가 강하고 센 분이라 교육하기 힘들다고 한다. 우리 아이는 그 친구들과 함께 있었다는 이유로 이곳에 와서 교육까지 받아야 함이 너무 억울하다고 말했었다. 처분이 내려질 때 교육의 부당성을 학교에 얘기해야 하는데 교육받으러 온 지금 불평불만하고 아이 있는 데에서 교육에 비협조적이라니 선생님이 힘들 만하다.

성인지는 잘잘못을 떠나 성장하는 아이들에게는 꼭 필요한 교육이다. 일부러 돈을 내고라도 받으러 오는데 가해자로 왔다는 것을 수용하지 못하고 있는 것 같다.

충분히 이해할 수 있다. 속상할 수 있다.

하지만 기관에 와서 협조하지 않는 것은 어리석은 행동이다.

오후는 힘들어하는 선생님 대신 내가 교육에 들어가 "교육받는 것에 부당하다고 생각하시는 분은 가서도 좋습니다. 이수 확인증은 미이수 처리하겠습니다."라고 말하며 교육을 시작했다. 가해자이든 피해자이든 성인지 교육은 아이들 성장에 꼭 필요한 교육이라고 다시 강조하며 교육에 들어갔다. 갑자기 모두 집중하는 태도를 보인다.

여자아이는 미용을 좋아한다고 하고, 남자아이들은 한참 사춘기로 인해 까부는 상태였다.

성희롱이 들어간 언어 폭력 재범 방지 교육을 하면서 부모에게 자녀를 얼마나 알고 있을까요?

여자아이 엄마는 80%를 잘 안다고 하고 남자아이 아빠는 50% 정도, 예전에는 안다고 생각했는데 사춘기 들어서는 잘 모르겠다고 한다. 아빠들 대답이 더 맞다고 볼 수 있다.

"자녀와 대화를 많이 하나요? 잘하고 있다고 생각해요?"

"모든 부모들이 자녀에 대해 다 알고 있지 않나요? 대화는 당연히 많이 하죠!"

엄마의 말을 들은 여자아이는 아니라고 고개를 흔든다.

"엄마는 저를 정말 몰라요!!"

"엄마는 너를 다 알고 있는데?" 하지만 아이는 아니라고 강하게 부인한다.

사춘기 청소년 시기는 뇌 호르몬이 급격하게 발전하기 때문에 몸은 어른처럼 성장하지만 대뇌피질의 피질은 미성숙한 행동들을 할 수 있음을 설명해 준다. 부모들은 자녀를 안다고 생각할 수 있지만 갑작스러운 자녀들의 돌발 행동은 항상 어른들을 긴장하게 한다.

사춘기 뇌는 운전자 없이 달리는 자동차와 같다고 하여 질풍로드라고 한다. 도파민 호르몬은 사춘기 자녀에게 충동성, 자유분방, 무절제 초합리성과 같은 무모한 행동을 하게 할 수 있다. 또한 금방 들킬 거짓말도 잘한다.

부모는 아이가 이해되지 않는 것이 당연하다.

부모는 아이에 대해 잘 아는 것 같지만 전혀 알 수 없는 것이 사춘기 자녀들의 속마음이다.

조금 전까지 교육의 부당성을 주장한 엄마가 딸에게 미안함이 많다고 한다.

전남편과 이혼하고 큰딸과 막내딸을 데리고 나와 살았는데, 둘째 딸은 아빠랑 산다고 자원하여 3년 정도 살다가 중3 때 엄마에게로 왔단다.

엄마는 혼자 살다가 얼마 전에 재혼했고 집에 돌아온 둘째는 동성을 좋아한다고 선포하여 집안이 시끄러워졌다고 한다. 엄마도 이해할 수 없다며 아이는 특별히 남자를 혐오하고 있으며 학교도 적응하지 못하고 교육 듣는 내내 마음이 찔렸다고 한다. 사춘기 때는 그럴 수 있다. 시간 되실 때 딸을 데리고 방문해서 성교육을 1:1로 받아 보는 것은 어떤지 추천해 준다.

이렇게 청소년들은 엄마 아빠의 이혼으로 힘들어하고 자신의 정체성이나 가치관까지 흔들리는 경우들이 많다.

이혼하는 것은 부모 문제이지만 적어도 아이들에게 상처는 주지 않았으면 좋겠다. 엄마, 아빠라고 해서 아이들에게 상처를 줄 수 있는 권한은 없다. 부모에게 아이들은 맡겨졌을 뿐 부모의 소유가 아니다. 부모는 조력자일 뿐이다.

아이가 성장하며 옳은 길을 걸어갈 수 있도록 롤 모델이 되어 주는 것이 가장 좋은 부모이다.

청소년도 도박을 한다구요?

오늘은 도박으로 문제를 일으키고 있는 청소년들을 교육하고 있다. "나는 왜 도박 하고 있을까?"라는 주제로 교육하며 도박의 최후에 대해 사례를 가지고 아이들이 알아듣기 쉽게 교육했다. 특히 청소년 때 가장 많이 영향 주는 도파민 호르몬에 대해 교육하며 우리가 자극적인 게임이나, 도박을 하거나, 음란물을 보거나, 술을 먹거나, 담배를 피울 때, 도파민은 우리 뇌에서 펌프처럼 분비될 수 있으며 그 순간 느꼈던 스릴 또는 쾌락과 자극 추구는 중독에 걸릴 확률이 높아진다는 것과 각자 음란물은 얼마나 보는지, 담배는 얼마나 피우는지를 질문하며 스스로 적용해 보는 것으로 알아차림의 시간을 가졌다.

교육에 참석한 청소년들의 교육 들으며 나누는 시간은 아이들의 집중도가 상당히 높았다.

이렇듯 아이들은 자신을 들여다보는 시간들이 필요하다.

하지만 이런 것을 "하지 마!"라고 부정적인 방법으로 교육한다면 아이들은 들으려 하지 않고 반항으로 맞설 수 있다.

청소년들이 듣지 않고 반항하는 것은, 단지 사춘기라서 그러는 것은 아니다. 부모로부터 어릴 때 생긴 결핍과 학대와 방임은 경험한 청소년들과 좌절을 경험해 본 청소년들에게 대인 관계에서 민감하게 반항으로 자기방어를 하게 된다.

그렇다면 청소년들의 도박 문제는 어느 정도일까?

부모 교육을 하며 청소년들의 도박에 대한 문제를 어떻게 생각하는지 물어보면 부모들은 말이 안 된다고 반응하며 우리 아이는 절대 하지 않는다고 말한다.

우리 아이가 도박까지 한다면 절망스러울까 봐 방어 기제를 사용할 수 있다.

하지만 청소년들의 도박률은 생각보다 높으며 그로 인해 청소년 범죄 중에서도 청소년 불법도박은 단순한 호기심이나 일탈로 치부하기에는 그 파급력이 매우 크다. 도박의 중독성과 지속성, 그리고 금전적 폐해로 인해 2차·3차 범죄로 이어질 위험이 높기 때문이다. 특히 최근에는 청소년들이 단순 이용자에 그치지 않고, 직접 도박사이트를 개설하거나 친구들에게 도박을 권유하는 등 청소년 불법도박 총책으로 변질되는 양상까지 드러나고 있다. 이처럼 청소년 도박 문제는 처벌과 교화의 균형이라는, 결코 가볍지 않은 법적·사회적 과제를 만든다. 그럼에도 불구하고 많은 보호자와 피의자들은 수사 초기 단계에서 문제의 심각성을 제대로 인지하지 못하고, '미성년자라 괜찮겠지'라는 안일한 대응으로 시간을 허비하는 경우가 많다. 실제로 도박에 빠지는 상당수 청소년들이 직접 '내가 도박을 하겠다'는 의지보다는 친구의 권유나 온라인 광고, SNS에서 접한 유혹에 이끌려 호기심으로 시작하여 무의식적으로 도박에 빠지게 된다.

하지만 이보다 더 심각한 문제는 일부 청소년이 단순 참여를 넘어 직접 불법도박 사이트를 개설하거나 운영하는 '총책' 역할까지 맡는 경우가 발생하고 있다.

청소년들이 도박에 중독되는 가장 큰 이유로는 도박의 게임적 요소 때문이라고 할 수 있다. 그 자체로 강렬한 재미를 가지고 있으며, 승리하게 되면 보상을 얻게 되는 구조이기에 더 쉽게 빠져들 수 있다. 또한 단순하다. 머리를 쓰지 않아도 된다. 그렇기에 중독되는 것을 모른다. 집착력이 상당히 강하다. 보상 욕구가 강한 청소년 시기에는 갖고 싶은 것을 사야 하고, 하고 싶은 욕구와 허세적인 부분이 강해지기 때문에 돈이 많았으면 좋겠다고 생각한다.

특히 부모님이 사 주기 어려운 명품브랜드 옷도 입고 싶고, 친구들에게 큰소리도 치고 싶은 것이다. 도박을 통해 얻는 것은 쾌감, 금전적 이득 또한 또 따고 싶은 마음과 원금 복구 등이 도박에 빠지게 한다.

친구 집단과의 관계가 중요한 청소년기 역시 도박에 빠지는 하나의 이유가 된다.

하지만 도박에 빠진 청소년들에게 가장 큰 문제는 바로 학업 문제다. 도박에 대한 생각으로 집중력이 감소되고 성적 저하로 이어지게 된다.

학업 문제로 인해 야기되는 정신적 문제도 큰 문제점 중 하나다. 스트레스, 불안, 우울증 등 도박에 중독된 성인들이 겪는 문제를 청소년들도 동일하게 겪게 된다. 이외에도 돈을 빌린 친구들과의 관계도 틀어지고, 아직 제대로 가치관이 형성되지 못한 청소년기의 올바른 가치관 형성에 도박은 반드시 걸림돌이 된다.

거짓말, 미래에 대한 걱정과 두려움, 경제적인 문제 등 도박이나 사행성 게임에 빠진 청소년들이 겪는 문제는 정말 많다. 청소년을 포함해 도박 중독은 누구도 피해 갈 수 없다.

이렇듯 부모는 자녀가 도박에 빠진 것을 전혀 알 수 없다.

안다고 해서 이미 도박을 하는 습관이 형성되었다면 수정하기 어려울 수 있다.

진짜 예방은 도박에 빠지지 않도록 충분한 공감과 소통이 가정에서부터 이루어져야 한다.

우리 아이를 구해 주세요

아침 일찍 출근하여 하루 일과를 시작하려고 하는데 "따르릉, 따르릉" 전화벨이 울린다. 전화를 받아 보니 엄마인 것 같다. 숨 넘어가듯 "우리 아이가 도박 중독인 것 같아요."

"아~ 그렇군요! 언제 아셨을까요?"

"어젯밤에 알았어요. 아이가 도박하고 있는 것을 알고 있었지만 이렇게 크게 하는 줄 몰랐어요."

"아이를 한번 만나 보면 좋을 것 같은데요. 오늘 아이와 함께 오실 수 있나요?" 엄마와 약속을 하고 학교 끝난 후 아이를 데리고 오셨다.

아이를 만나 보니 본 기관에 금품 갈취로, 학교 폭력으로 두 번이나 다녀간 친구였다.

그동안 엄마는 "아이가 사춘기라서 그러는 거라고 생각했지!, 도박 중독이라는 것은 꿈에도 몰랐어요. 3일 전 대구경찰서에서

형사로부터 전화가 걸려 왔는데 아들의 이름을 대며 아들이 이용하는 도박사이트의 일당들이 검거되면서 사이트를 사용했던 사람들을 조사하다가 아들이 큰 금액으로 도박했다고 하며 부모도 알고 있느냐?라고 경찰서에서 연락이 왔다"는 것이다. '그럴 리가 없어요.'라고 말하며 전화를 끊고 등교 거부하고 있는 아들에게 확인해 보니 조금 했다고 하며 짜증을 냈다는 것이다.

그래서 아들의 통장을 정리 해 보니 4800만 원 정도 도박사이트와 거래한 것을 알게 되었다고 하며, 어떻게 해야 하느냐?라고 말한다.

아들은 중학교 1학년까지 성실하고 공부도 잘하고 학교생활도 잘하는 아이였는데 변해 버린 아들로 인해 매우 슬프다고 한다, 엄마는 너무 낙심되어 모든 생각이 뒤엉켜 버렸다고 한다. 얼마 전 남편과 이혼하는 과정에서 충격받았을 아이를 생각하니 더 미안하고 아들의 잘못이 자신 때문이라고 말한다, 아들을 만나 보았다. 아들은 다시 도박을 하지 않겠다고 도와 달라고 요청한다.

아들은 "도박 시작한 지는 약 3년 되었어요."

"처음에는 친구를 통해 10,000원으로 시작했는데 500만 원을 딴 적도 있어요. 그때부터 계속 딸 것 같다는 생각이 들어 계속하게 되었어요. 그동안 딴 돈보다 더 많이 잃었는데 원금이라도 복구하고 싶은 마음과 딸 것 같다는 마음이 결국 계속 도박을 하게 했다"고 한다. 아들은 돈이 조금이라도 있으면 잃었던 돈까지 딸 것 같다는 생각으로 계속하다가 이번에 걸린 거라고 한다.

엄마는 아들이 매일 입을 것이 없다고 투덜거릴 때 국내 브랜드보다 해외 브랜드를 입는다고 반항하며 아들이 사 입겠다고 하여 돈으로 준 적도 많았다고 하며 지금은 남아 있는 옷이 없다고 말한다. 그동안 중고시장에 팔아 가며 도박을 한 것이다. 아들은 금품 갈취도 해서 법으로 손해배상 한 적도 있다고 한다. 어느 순간부터 도박으로 인해 금품 갈취, 학교 폭력으로 문제를 일으키기 시작했는데, 엄마는 다 도박 때문이었음을 이제야 알아차린다.

엄마가 늘 바쁘다 보니 아들은 초등학교 1학년부터 동생을 돌볼 때가 많았는데 부모로부터 칭찬받아 본 적이 없다고 한다. 하지만 조금이라도 말을 듣지 않으면 주말부부였던 아빠가 엄마 말만 듣고 아들을 때리고 벽에 머리를 부딪히며 학대하기도 했다고 하며 그래서 아들은 아버지가 싫었고 아버지 역시 도박하다가 전 재산을 다 잃었었다는 것을 알게 되었다고 한다.

엄마는 아버지의 도박으로 돈을 많이 잃게 되어 많이 힘들었음을 말하며 아들까지 도박한다는 소리가 하늘이 무너져 내리는 듯한 충격을 받았다고 한다.

아들은 부부가 평소에 사이가 좋지 않다가도 나를 혼낼 때는 사이가 좋아진다고 하며 부모에 대해 적대감이 가득했다. 고등학교 2학년 초부터 상담을 시작하여 대학교 들어가는 것을 보고 상담은 종료했다. 도박은 완전히 손절했다. 아들은 아버지처럼 살지 않을 거라고 하며 공부도 하고 대학도 들어갔다. "큰아들로서 책임감으로 열심히 살아 볼게요. 제가 이제 우리 집 가장입니다."라고 한다. 왜 아이들이 도박하는 것일까? 어른들은 생각해 봐야 한다.

친구가 중요한 청소년 시기에는 친구들로 인해 잠깐 도박 유혹을 받을 수 있다. 하지만 계속한다는 것은 가정과 부모가 불안정하다는 것에 있다. 아이의 문제로 볼 수도 있지만 그 바탕에는 안정적이지 않은 가정과 부모에게 있음을 시사하고 있다.

가정은 안전지대가 되어야 하고 부모는 아이들의 팬이 되어 주어야 한다.

공부를 강요하는 부모와 공부하지 않으려는 아이

공부를 쉬고 싶고, 학교를 그만 다니고 싶은 아이가 찾아왔다. 부모는 거리가 멀지만, 아들이 공부해서 반드시 대학을 가야 한다는 신념으로 찾아왔다. 부모는 "어떻게 하면 아들이 다시 공부할 수 있을까요? 학교까지 자퇴한다고 하니 부모로서 응급 사안이다. 지금은 다니던 학원도 모두 그만두고 아무것도 하지 않아요. 지금 고2인데 어쩌면 좋아요?"라고 하며 울상이다.

아이를 만나 말을 들어 본다.

키도 크고 잘생기고 건장하다.

"어떻게 여기까지 왔어?"

"몰라요, 안 가면 아버지에게 맞을까 봐 따라왔어요."

"이왕 여기까지 왔으니 하고 싶은 말 있으면 말해 볼래?"

"아~" 한숨을 쉬듯 긴 호흡을 한다.

"우리 엄마는 진짜 잔소리를 많이 해요. 내가 공부하는 것을 절대 믿어 주지 않아요. 눈만 뜨면 공부하라고 하고 내가 해 달라는 것은 하나도 해 주지 않으면서 공부만 하라고 하니까 이제 학교 자퇴하고 공부도 하지 않고 대학도 안 간다고 협박한 거예요."

"그렇구나? 엄마가 어느 정도로 잔소리를 하니?" "완전 강박증과 편집증이에요. 엄마는 불안한가 봐요. 엄마가 상담받아야 해요. 엄마는 강박증이 있는 건지 매일 공부에 대한 것만 말하고 내 얘기는 들어 주지 않아요.

정말 힘들거든요? 조금만 쉬려고 누워 있어도 잔소리하고, 어떤 학원이 좋은지만 얘기하고, 어디서 듣고 왔는지 어느 대학을 가야 한다고 하고, 너무 공부 얘기만 하니까? 진짜 지칩니다. 그래서 딱 한 달만 쉬면 좋겠다고 말하니까 난리가 난 거예요. 그래서 학교 자퇴한다고 맞섰죠? 제가 그러면 조금 놔줄까 싶었는데 더 강하게 쪼이고 있으니 정말 짜증 나요." "그랬구나, 힘들었겠구나!"

엄마는 아들이 너무 진지하게 말하니까 진짜처럼 위협을 느끼고 불안이 몰려온 것이다. 아들의 얘기를 다 들으며 힘들었을 마음이 느껴진다. 그동안 많이 지쳐 있고 쉼을 얻고 싶은 마음을 볼 수 있다. 엄마 역시 그동안 말을 잘 들었던 아들이기에 조금 더 강하게 얘기하면 동기부여가 되어 더 공부할 줄 알았다고 한다.

어떻게 하면 다시 고3까지 달려갈 수 있을지 몰라서 먼 거리임에도 찾아온 것이다. 아들에게 동의를 구하고 아들의 마음을 부모님께 전달하며 "어머님이 공부에 대해 너무 독촉하면 아이는 더 공부를 포기하려고 할 거예요. 아들은 그동안 잘해 왔음을 믿어 달라고 떼쓰고 있는 것이니 격려와 칭찬을 해 주면 다시 시작할 거예요."

엄마는 "우리 아들 괜찮은 거예요?"

"그럼요, 건강한 편입니다. 어머니 안에 있는 조급함을 조금 내려놓으면 좋겠습니다. 아들은 지금 공부하고 있어요. 그래도 원하는 성적이 나오지 않는다고 해서 엄마가 생각하는 것처럼 위험한 것은 아닙니다. 지금 아들에게 필요한 것은 자신이 정해 놓은 진로가 맞는지와 보이지 않는 미래가 걱정되는 것 같아요. 특별히 엄마가 하는 격려와 칭찬은 아들에게 좋은 자양분이 될 것입니다. 한 가지 우려되는 것은 알코올 의존도가 있는 것 같으니 부정적인 언어는 잠시 내려놓고 아이가 안정을 느낄 수 있도록 도와주세요. 술도 먹지 말아야 하는 것도 알고 담배도 끊어야 하는 것도 알고 있어요. 부모님이 아들을 인정해 주고 칭찬하며 격려해 주면 곧 좋아질 겁니다." 이렇듯 아이들은 부모님으로부터 벗어나 막다른 길에 들어설 때가 있다. 이때 아이들은 반항을 협박처럼 사용하기도 한다. 더 잘하라고 하면 할수록 반항할 수 있고 공부까지 내려놓을 수 있다. 자녀들이 노력하는 것과 잘하고 있음도 믿어 주고 격려하면 아이들은 자신의 역할은 잘해 낼 수 있다.

아이에게는 정답 같은 동기보다 위로와 격려가 필요하다.

8부

용서

《건강한 어른은 어디 있나요?》라는 책을 쓰며 어른들에게 반성하는 시간을 주고 싶었다.

왜, 아이들이 힘들어하는지? 어떤 어른을 만나고 싶은지?

어떤 어른으로 성장해야 하는지?

우리 부모가 어떻게 해 주길 바라는지? 부모에게 알려 주고 싶었다.

아이들을 범죄의 소굴로 들어서게 하는 것은 어른들이다.

부모가 그럴 수 있다.

그러므로 모든 어른들은 미래의 주역인 아동. 청소년들에게 반드시 용서를 구해야 한다.

아이에게 무엇을 어떻게 용서를 구해야 하느냐고 질문하는 분들도 있다. 꼭 구해야 하느냐? 아이들이 어른을 우습게 생각하면 어떻게 하느냐? 아니다. 걱정은 사절이다.

아이들은 어른으로서 잘못을 인정하라고 말하고 싶다고 한다. 어른들이 잘못은 다 해 놓고 인정하지 않는 것에서 신뢰가 할 수 없다는 것이다. 아이들을 만나다 보면 어른들이 한 행동들이 너무 치졸하고 한마디로 악이 가득하다는 것을 발견하게 된다.

아이들을 힘들게 만드는 것도, 아이들을 이용하는 것도, 아이들이 죄를 짓게 만드는 것도, 모두 어른들이다.

어른들을 통해 아이들은 범죄자가 되기도 하고 피해자가 되기도 한다. 또한 어른들이 만들어 놓은 함정에 빠져 헤어나오지 못하고 또 다른 나쁜 어른으로 성장한다.

나쁜 문화를 접하게 하는 것도, 불법을 가르쳐 주는 것도, 공부를 재촉하는 것도, 어른이다. 또한 어른들은 규칙을 지키지 않으면서 아이들에게는 규칙을 지켜야 한다고 강조한다. 자녀들에게 좋은 것을 보여 주고, 가르쳐 주며, 따라 하라고 하면 좋을 텐데, 온갖 불법을 다 할 수 있는 환경을 만들어 놓고 판단하고 비판하고 비난하는 것 또한 어른이다.

아이들은 어른들을 신뢰하지 않는다. 특히 부모를 신뢰하지 않는다.

아이들을 가장 모르고 있는 사람은 부모와 선생님이라는 말도 있다. 부모는 부모가 말하는 대로, 생각하는 대로 살라고 강조하는데 정작 부모는 그렇게 살지 않는다. 특별히 사춘기가 되면 아이들은 더 반항적으로 변한다.

아이들은 부모와 집은 싫어하고 친구들을 더 좋아하며 하지 말라는 행동은 더하기도 한다.

이런 아이들을 1년이면 1,000명 이상 만나고 있다.

물론 여러 가지 문제로 만나는 경우가 대부분이지만 원인은 가정과 부모에게 있다. 아이들은 "우리 집은 행복하지 않아요. 우리 집은 위험해요. 우리 집은 답답해요. 우리 아버지는 폭군이에요. 우리 집은 늘 돈 가지고 싸워요. 우리 아빠는 술 많이 먹어요. 술 먹으면 엄마와 꼭 싸워요. 우리 엄마는 우울증이 있대요. 그래서 우리 집은 숨을 쉴 수 없어요." 아이들의 말을 듣다 보면 '정말 힘들겠다.'라는 생각이 절로 든다. 얼마나 힘들면 아이들이 저렇게 무기력할까? 오죽하면 학교에서도 규칙을 지키지 못하는 것일까?

아이들을 한 사람 한 사람 만나 대화하다 보면 참 착하다.

때론 여러 명을 모아 두면 폭탄과 같은 파괴력도 있다.

아이들도 진짜 쉼을 할 수 있는 곳이 필요하다.

집이 안전한 쉴 만한 물가가 되어야 하는데 그렇지 않다.

이렇게 아이들은 가정에 있는 것을 힘겨워한다.

부모가 그늘이 되어 줘야 하는데 아이들은 그 그늘을 거부한다. 아이들은 20살 되기를 기다린다.

20살만 되면 부모 곁을 떠나도 괜찮다고 생각하고 있기 때문이다. 아이들은 자기 마음대로 해도 되는 20살을 기다리는 것이다. "저는요? 20살 되면 부모님이 하지 말라고 했던 모든 것을 다 할 거예요. 저는요 20살만 되면 술을 마음껏 먹고, 담배도 피워 보고요. 반드시 분가해서 혼자 살 거예요. 그래서 일부러 지방대학 가려고 해요."

말 그대로 고삐 풀린 망아지가 되는 것이다.

특별히 통제와 억압, 완고, 보수, 권위적인 부모들은 반드시 자녀와 가정에서의 관계 점검을 해야 한다.

아이들이 많이 힘들어한다.

집에서는 말하는 것을 거부하거나, 혼자 밥을 먹으려 하거나, 집에 늦게 들어오려고 한다면 "우리 아이도 힘들구나!!" 부모와 자녀의 관계와 양육 방법을 점검해 봐야 할 것이다.

아이들도 가정에서 따뜻한 밥을 먹고 부모님과 충분한 대화를 하고 싶어 한다.

하지만 부모님들은 정답을 말할 뿐, 아이들의 말을 끝까지 들어 보려 하지 않는다. 아이들의 생각과 행동은 마치 옳지 않은 것처럼 생각하고 듣지 않고 가르치려고만 한다.

정답만 얘기하는 부모, 가장 시급한 솔루션은 경청과 반응이다. 들어 주고 기다려 주는 것이다. 반응은 경청한 후 정답이 아닌 공감이다. 부모가 아이들의 인생을 만들어 줄 수 없다. 그러기에 아이들의 말을 잘 들어 주고 반응해 주는 것이 중요하다. 또한 부모는 아이들의 좋은 멘토로 지지자가 되어 주면 된다.

용서 구하기

용서는 과거의 고통으로부터 자유를 주는 열쇠라 할 수 있다. 특별히 용서는 묻혀 있던 기억이 수면 위로 떠오르면서 고통이 먼저 수반된다. 용서하려면 기억을 먼저 다루어야 가능해진다. 부정적 정서가 내면 안에 남아 있다면 용서의 사이클은 깨질 수 있다.

용서한다고 해서 비난, 정의, 공평의 모든 의문이 해결되는 것은 아니다. 용서는 종종 그러한 의문을 회피하기도 한다. 하지만 용서는 관계가 다시 시작되도록 도움을 주는 연결고리 역할을 한다. 용서는 오로지 인간만이 가장 부자연스러운 행동을 수행하게 한다. 그러므로 진정한 용서는 하나님의 은혜가 아니면 불가능하다.

용서는 누구에게나 가장 중요한 과제라 할 수 있다.

서로 용서할 수 없다고 버티고 있는 부모 자녀 사이에서도 반드시 해야 하는 필수적 사명이다.

다른 사람들이 이제 "용서해야지. 너를 위해서라도 용서해야지!"라는 소리를 듣고 용서한다면 진정한 용서가 아니다.

그렇기에 용서는 나 자신을 위해 반드시 해야 한다.

그때서야 진짜 자유 할 수 있다. 부모 자녀 간에 용서와 사과 없이 살아간다면 서로 불편을 경험하고 정서적으로 병까지 얻게 될 수 있다.

오랜 시간 청소년들을 만나며 대화하다 보면 정말 그럴까? 할 정도로 자녀에게 너무 잘못한 부모들의 이야기를 듣게 된다. 아이들의 얘기만 들어서 판단할 수 없다, 하지만 아이들이 거짓말을 한다고 단정 지을 수도 없다.

정말 그럴까? 그래서 부모의 얘기도 들어 보기 위해 부모 교육하며 부모들의 이야기를 들어 본다.

대부분 부모들은 자녀에게 무엇을 잘못했는지 모른다. 당연하다고 생각하기 때문이다. "부모가 자녀에게 그런 말도 안 하면 어떻게 살아요?"라고 말하기도 한다.

왜 자녀들은 집을 싫어하는지 잘 모른다. '쟤가 왜 저러지?'라는 의문을 가져 보지만 부모는 잘못을 쉽게 인정하지 않는다. 이때 부모는 '저러다가 말겠지? 돈이 필요하면 들어올 거야! 곧 들어

오겠지!' 하지만 자녀들이 아주 어릴 때부터 부모로부터 받은 상처로 힘들었었다고 말한다.

사춘기가 되어 그때 불안했던 마음, 부모가 이혼하자고 싸우면 어디로 가야 하나? 조마조마했던 것들, 반항하는 나 때문에 싸우면서 서로 탓하고 폭력이 행해졌던 가정에 이제 들어가고 싶지 않다고 한다.

부모는 자녀가 그렇게까지 생각하고 있는 것을 알지 못한다. 자녀와 속 깊은 얘기를 들어 본 적이 없기 때문이다.

부모 교육할 때 부모들에게 "자녀와 대화는 하시나요?"라고 질문해 보면, 어떤 부모는 "아이 얼굴을 볼 수 있어야 대화를 해 보죠? 아들의 얼굴을 볼 수 없어요. 아이 머리가 크니까 어떻게 할 수 없어요." 그 말도 이해된다. 하지만 자녀는 부모와 얘기하는 시간이 싫어서 부모가 자는 시간에 집에 들어오고 부모가 없을 때 활동한다. 이렇듯 서로 생각하고 바라보는 것이 다를 수 있다.

자녀들은 부모와 인연 끊고 살고 싶다고 생각하고 말하지만 진짜 그렇게 사는 사람은 몇 명 되지 않는다.

부모들은 자녀의 말을 이해하지 못하고 그렇게 반응하는 자녀만 탓한다. 기껏 키워 주었더니 그렇게 말하는 자녀가 당연히 이해되지 않는다. 우리가 다른 사람들을 이해하려면 먼저 자신을 먼저 이해할 수 있어야 한다. 주위에서 이기주의 같다고 해도 자신이 먼저 건강한 에너지가 있어야 다른 사람을 품을 수 있다. 마음의 똥이 가득한 상태로는 그 누구도 이해할 수 없으며 품어 줄 수 없다. 부모들도 마찬가지다.

부모들은 먹고사는 것만 신경 써도 힘든데 자녀를 이해하기란 쉽지 않을 것이다. 적절한 돌봄은 자신을 바라보며 "괜찮아", "그럴 수도 있어!", "누구나 실수해!", "너는 잘할 수 있어!" "지금까지도 충분히 잘했어!"로 스스로에게 돌봄을 통해 여유가 필요하다. 분노할 때 가장 상처 받는 사람은 자기 자신이다.

내면의 혼란과 쓴 뿌리를 삼켜 버림으로써 뇌에서는 분노의 호르몬을 계속 만들어 낸다.

이때 온 전신이 분노로 가득 차게 되며 분노를 멈추는 것이 오히려 쪽팔린다고 생각할 수 있다.

그렇게 가해자와 피해자가 생기게 된다.

정말 안타까운 일이다.

용서는 자신의 분노에서 완전히 자유로워지는 것이며 부모와 좋은 관계를 만들 수 있는 다리 역할을 한다. 용서는 놓아주는 것을 수반한다. 자녀가 아버지를 용서할 때 나의 한쪽 끝을 놓아 보내는 셈이다. 결국 한쪽을 놓아 버리면 모든 매듭은 풀릴 수 있게 된다.

용서의 과정은 언제나 결정과 함께 시작된다.

용서는 의지의 행위이며 그렇게 하기로 선택하는 것이다.

비록 우리가 그 순간에 용서하는 감정을 느끼지 못한다고 하더라도 용서하는 것이 올바르고 건강한 일임을 알기 때문이다. 자녀와 인연이 끊기고 자녀가 "그때 그랬잖아! 그때 왜 그랬어!"라고 묻는다면 대부분 부모들은 후회한다.

이미 잊고 있는 것을 자녀가 말하려면 그때가 언제적 일인데 아직도 그러냐고 오히려 수용하지 않으려 한다. 아니다.

"그랬었구나!", "힘들었구나!", "그랬구나!" 인정하고 수용하며 "미안하다. 정말 미안해!!!", "아빠가 많이 실수했구나!", "엄마가 너무 그랬구나!" 이것이 진정한 사과다.

그때의 말 한마디에 아이는 살아가는 동안 고통 속에 살 수 있다. 그러나 부모는 모른다. 그 말이 자녀에게 얼마나 큰 상처가 되는지 모른다.

부모는 그 말이 그렇게 상처가 될 줄 몰랐다고 말한다.

그 말이 진심이다. 부모는 자신이 한 말을 잊고 있었기 때문이다. "혹시 아이에게 용서 구할 마음은 있나요?"라고 물으면 "아~ 이제 와서 무슨 용서를 구해요. 생각도 나지 않는데?"라고 말하는 부모들도 많다. "그래서 구해야 합니다."

"나도 부모가 처음 되어 몰라서 그랬던 건데?"

그래서 "용서를 구해야 합니다."라고 단호하게 말해 준다.

자녀와 속 깊은 대화를 나누는 시간을 갖는다면 시작은 힘들 수 있지만 결론은 행복이다.

너무 잘못했어요

어느 날 나이가 지긋한 부모가 찾아왔다.

"우리 아이를 살려 주세요." 엄마의 간절함이 느껴진다.

"얼마 전 아들이 점심으로 고기 구울 때 제가 아들에게 아버지는 너무 바싹 구우면 싫어하니까 너무 바싹 굽지 말아라라고 말했는데 아들이 그때 바로 방으로 들어가더니 우리가 없을 때만 나와서 밥만 먹는 것 같아요. 아들에게 내가 말하는 것이 상처로 남아 있나 봅니다. 저의 말투를 제가 알고 있거든요. '고쳐야지!'라고 생각하면서 습관이 돼서 그런지 잘 안되네요. 남편도 내 말투로 조금 힘들어해요. 그동안은 아이 탓만 했는데 아닌 것 같아요."

언뜻 봐도 두 분 사이는 그리 좋지 않은 것 같다.

아내는 바늘로 찔러도 피 한 방울 나오지 않을 것 같은 외모로 왠지 강직해 보이고 카리스마까지 풍긴다.

남편은 장난기가 많은 어린 소년같이 보인다.

그래도 부부가 노력해 보겠다고 찾아왔으니 얼마나 감사한 일인가? 그동안 아내는 자신을 위해 상담을 받아 왔다고 한다. 그래도 자신 안에 있는 마음의 쓰레기는 어느 정도 치운 것 같은데 나 혼자만 해서는 안 될 것 같아서 함께 왔다고 한다. 남편도 친절한 사람은 아니라고 한다.

부모는 말투가 강하고 친절하지 않다 보니 아들이 힘들었을 거라고 한다.

"혹시 아들에게 미안하다고 했나요?"

"아들만 좋아진다면, 무엇이라도 할 것 같아요." "그렇군요. 다행입니다."

"대부분 부모님들은 이렇게 자녀들이 행동하면 어떻게 하나요? 아들이 더 우리를 신뢰하지 않으면 어떻게 하죠?"

엄마, 아빠는 어떻게 해서라도 용서를 구하고 싶다고 한다. 이번 기회에 아들과 다시 친해지고 싶다고 한다.

얼마 후 부모가 변화하니까 아들도 방에서 나오고 관계가 좋아지고 있다고 말한다.

"그동안 막혔던 문제가 열리고 있어요. 어느 날 아들이 한번은 밖에 나와 일방적으로 나에게 그동안 못 했던 말들을 다 하며, 소리 소리 지르며, 울고 한바탕 하더라구요. 저는 선생님 말대로 다 듣고 있었어요, 아이들이 물어보는 것만 반응하며 기다렸어요. 한참을 그러더니 방으로 들어가는 거예요. '아~ 이제 됐구나!'라는 생각이 들더군요."

이 부부는 결혼생활 45년 되는 동안 대화라는 것을 제대로 해 본 적이 없었다.

남편은 바깥일을 해야 하니 늘 혼자였고, 누나는 공부를 아주 잘해서 원하는 일을 하고 있는데, 아들도 누나만큼은 아니지만 S 대에 갈 수 있었는데 일반대학 4년 장학생으로 가라고 해서 자신이 원하지 않는 대학을 들어가 공부하려고 하니 너무 억울해서 군에 입대했다고 한다.

군대 다녀와서 복학도 안 하고 이렇게 긴 시간을 한 지붕 아래에서 담을 쌓고 살게 되었어요.

그때는 아들 탓만 했죠. 근데 아들은 누나에게만 신경 쓰고 자신도 S대에 가서 공부하고 싶었는데 들어주지 않고 왜 나에게 그랬냐고 묻더라구요. 선생님이 가르쳐 준 방법으로 미안하다고 사과했어요.

"아들이 그랬었구나! 아들은 좋은 대학에 들어가고 싶었구나! 그 마음을 우리가 들어주지 않았던 거예요. 우리가 시키면 하는 착한 아이라 괜찮은 줄 알았어요. 아들은 내가 통제하고 억압했다고 하더라구요. 그것도 인정하고 용서를 빌었어요. 빌 수밖에 없었어요. 모두가 사실이었으니까요?"

이렇게 아들은 회복되어 이제 들어가고 싶은 대학에 들어가 공부도 하고 자신이 하고 싶었던 것도 하고 있다고 한다.

그동안 남편과 대화가 전혀 되지 않았던 부부는 아들과 사과하며 자연스럽게 대화도 열렸다고 한다.

아내와 상담하는 중에 남편이 어느 날 전화 왔는데 수화기 속으로 들리는 남편의 소리는 매우 즐겁고 흥분된 소리였고 "당신이 오랜 시간 옆에 있어 줘서 고마워"라고 했다고 하며 "드디어 우리도 일반부부와 같아지고 있어요."라고 한다.

"그때 참 좋았어요. 남편도 이렇게 표현할 줄 알았던 사람이었구나!라는 것을 알게 되었어요." 아내는 남편에게 지금 대접받고 있다고 한다. 아내는 우리 가정을 살려 줘서 너무 고맙다고 말하며 아주 맛있는 빵을 사다 주었다. 행복하다.

용서하고 싶지 않은 부모

아이들은 대부분 부모를 용서하고 싶지 않다고 한다.

부부 싸움도 '나' 때문이라고 하고 내가 돈을 많이 써서 집을 살 수 없었다고 하는데, 무슨 용서가 필요하냐는 것이다. 대부분 기관에 오는 아이들은 자신이 무엇을 잘못했는지 알지만 수정하고 싶지 않다고 말한다. 부모도 자신 때문에 고생하고 있다고 말하는데 너무 부담스럽다고 한다.

부모와 싸우면서 늘 나오는 소리는 공부도 안 하고 폰만 보고 있는 나를 너무 한심하게 생각하고 돈만 쓰는 벌레로 취급한다고 한다. 가정에서부터 이런 소리를 듣고 사는 청소년들에게 도대체 무슨 일이 일어나고 있는 걸까?

"쌤, 나는 입양되었나 봐요. 동생과 차별당하고 비교당하고 있어요. 우리 엄마 아빠는 매일 싸웠어요. 어린 시절이라 내용은 잘 생각나지 않지만 다 '나' 때문이라고 해요. 유난히 나를 싫어하는 것 같아요. 내가 공부하지 않아서 싸우고, 내가 학교에서 사고를 치니까 싸우는 거래요. 이해되지 않아요. 부모들은 더 실수하고 더 욕하면서 나는 욕도 하지 말아야 하고 실수도 하지 말아야 해요. 엄마 아빠 이혼도 나를 위해 선택한 거래요. 아무것도 알지 못하는 나를 위해 이혼했다고 하니 정말 이해되지 않아요. 말이 돼요? 만나기만 하면 싸웠던 엄마 아빠는 나에게 좋지 않은 영향을 줄 것 같아서 끝내 이혼한 것이라고 하는데, 정말 지랄이에요. 저는 알아요. 왜 이혼했는지요."

"그래? 어떻게 알아?"

"아빠가 주식으로 돈을 날렸대요. 엄마는 집을 하나 더 사 놓자고 했는데 아빠는 조금 더 모아서 여유 있게 집을 사자고 했는데 주식으로 그 돈을 날린 거죠~ 그래서 서로 매일 싸우고, 술 먹고 서로 욕하면서 싸웠거든요. 그래 놓고 나를 위해 이혼했다고 하니, 정말 알 수 없어요."

"아~ 그렇구나!!" "쌤, 나 때문에 이혼을 선택했다고 하는데 이혼한 것을 칭찬해 줘야 하나요? 이해할 수 없어요.

자신들이 서로 화가 나서 이혼해 놓고 나를 위해 이혼했다는 말을 어떻게 이해해야 할까요."

아이들은 아이들대로 부모는 부모대로 서로의 마음을 닫고 서로의 책임으로 돌리고 있다. 이런 가정에서 아이는 어떨까? 아마도 상당히 불편했을 것이다. 집은 늘 불안정하고 부모님이 들어온다고 하면 그때부터 가슴이 답답해지고 공황 장애가 생긴다고 한다. 물론 안전한 가정들도 있다.

그러나 아동 때까지가 한계일 것이다.

갑자기 사춘기 급변하는 아이들로 감당하기 어려워서 엄마 역시 힘들어하고 우울도 경험하는 분들이 더 많다.

한 가지 처방을 한다면 아이와 대화할 때 아이의 말을 끝까지 경청해 주길 바란다. 관계가 어려워지면 부모가 어떻게 해 보려고 하지 말고 전문가의 도움을 받으며 청소년 시기를 건강하게 넘어갈 수 있기를 바랄 뿐이다.

통제하는 부모와 아이

아이가 온 집안의 물건을 부스고, 던진다고 아버지가 아이를 데리고 왔다. 그 당시 상황을 사진으로 담아서 가지고 왔는데 집 안이 엉망이다. 엄마는 아들 때문에 친정으로 피신 갔다고 한다. 아이는 고 1이지만 학교도 자퇴하고 집에 있다고 하며 경찰도 여러 번 왔었다고 한다.

아이를 만나 보니 고등학생처럼 보이지 않았다.

외동으로 자란 아이는 왜 자신이 그러는지 분명하게 알고 있었다. 대부분 엄마가 먼저 아들에게 욕하기 시작하면 아들도 참다가 결국 엄마에게 함께 욕하기 시작한다고 한다.

그러지 말아야 하는 것도 알고 있다. 엄마와 싸우게 되는 이유를 더 들어 보니 뉴스에 나오는 것을 가지고 말하는데 아니라고 계속 우기며 아들의 말을 전혀 신뢰하지 않는다고 한다. 즉 엄마는 자신의 말을 전혀 들어 주지 않는다고 하며 그때 화가 올라온다는 것이다.

"엄마는 결벽증도 심해요. 특히 날아가는 새도, 강아지와 고양이 같은 애완동물들도 다 싫어해요. 밖에 다니면서도 동물들을 보면 욕을 심하게 해요. 함께 나가면 창피하니까 못 하게 하지만 멈추지 않고 해요. 그러다가 집에 오면 싸우게 돼요. 또한 밖에 나갔다 들어오면 현관에서 옷을 벗어야 하고 놀다 들어오면 엄마를 만지지도 못하게 하고 빨래를 두 시간 동안 해요. 너무 힘들어요." 아이의 얘기를 들어 보니 원인은 엄마였다. 반면 아버지는 아들의 마음을 이해하려고 한다.

아버지 역시 이런 사안들이 오래되었는지 자포자기한 듯 아이라도 회복되길 바라고 있다고 한다.

"아이는 엄마는 결벽증과 편집증이 너무 심해요."

그래서 그런지 자신도 강박증과 편집증이 심하다고 한다.

학교 생활은 잘했는데 중 3 가을쯤에 동탄으로 이사오면서 잘 해 보려고 했으나 아이들과 섞이지 못하고 맴돌다가 고 1이 된 지금 자퇴까지 했다고 한다.

어떻게 하면 이 아이가 정상적으로 학교도 다니고 건강한 어른이 될 수 있을까? 엄마가 바뀌지 않으면 아이는 더 심해질 것이다. 엄마와 아이가 서로 통제하고 억압하고 있음을 모르고 있거나 인정하지 않으려고 한다.

가장 우선은 인정하는 것이다. 또한 병원 치료를 함께 받아야 한다. 결벽증은 강박장애의 일종이다. 지나치게 깔끔함을 추구하는 병 혹은 성격을 말한다. 정리 정돈에 집착하거나 세균 오염을 두려워하거나 혐오하며 소독에 집착하는 등 결벽증은 더러움이나 무질서함을 참지 못한다. 다만 '더러움'이나 '무질서'의 기준이 사람마다 제각각이라 자기 몸만 씻고, 정리나 청소에는 관심이 없는 결벽증도 있다. 방 정리는 하지 않는데 보통 사람보다 손을 굉장히 많이 씻는다거나 등. 이런 경우 가족들에게조차 '방을 이렇게 어질러 놓고 결벽증이라고?' 하는 의심을 받게 한다. 반대로 몸을 씻는 것에는 크게 연연하지 않지만 주변 정돈을 극도로 신경 쓰는 경우도 있다. 이렇듯 결벽증은 본인 혼자의 문제만이 아니라 가족들에게까지 정서적 압박을 주거나 억압을 하기 때문에 분노표출로 이어지기도 한다. 특히 사춘기에 가장 안 되는 것이 청결이다. 이런 문제로 자녀와 자주 마찰을 일으키는 경우가 많은데 온 가족이 함께 치료받는 것을 권한다.

나가는 말

다른 사람의 고통을 깊이 바라보는 것은 중요한 일이다.

불친절하게 행동하고 건전하지 못하게 생각하고 말하는 사람들은 틀림없이 그 내면에서 큰 고통을 겪고 살았던 흔적들이 있다. 이 고통은 고스란히 아이들 몫이 된다.

이런 모습은 부부 관계에서도 나타난다.

부부관계에서도 미해결된 정서로 서로 통제하거나 억압하려는 경우를 많이 보게 된다. 결국 가정 폭력이라는 악순환의 고리들이 가정을 더 병들게 한다. 양육에서도 나타난다. 아니라고 말하고 싶겠지만 아이도 자신이 생각했던 대로 키우려 한다. 자녀 양육 때문에 싸우는 부부들도 많아지고 있다.

'아이가 얼마나 힘들어할까?'라는 것은 생각조차 하지 않는다. 아이를 생각한다면 가정 폭력은 아마 많이 줄어들 것이다. 예를 들어 남편의 외도를 알게 되었다고 하자.

아내의 입장에서 자신의 삶이 마감할 때까지 트라우마로 고통을 겪을 수 있다.

그러나 남편들은 "한 번만 말하면 되지. 언제까지 계속 물고 늘어질 거냐?"라고 하며 그만하라고 오히려 소리친다. "네가 그렇게 물고 늘어지니까 내가 집에 들어오기 싫은 거야!!"라는 말도 안 되는 소리를 하며 자기 합리화로 소리친다. 그런 남편들에게 "아내가 외도하면 어떨 것 같아요?"라고 질문한다면 절대 견디지 못한다고 하며 바로 이혼이라고 말할 것이다.

아내가 자신의 잘못을 말하는 것은 힘들다는 것이다.

한마디로 말이 아닌 방귀 소리다.

자신이 한 외도도 아내 때문이라고 탓을 하고 자신의 모든 부정적인 태도도 아내 때문이라고 말하는 남편들이 종종 있다. 그렇다면 아내는 이런 상황에서 어떻게 살아야 하는가?

아내들은 그렇게 병들어 간다.

또한 도박하는 아빠는 어떤가? 마찬가지다.

가정에 생활비는 주지 않으면서 자신이 스트레스 받아서 풀어야 한다고 하루에 30만 원 정도 하는 것은 별 문제 아니라고 하는 남편들도 있다.

또한 자신은 어른이니까 해도 되고 자녀는 아직 어리니까 하면 안 된다고 말하며 훈육하는 아빠들도 있다.

이런 아빠가 말하는 것을 아이들은 들을까?

부모들은 아이들을 훈육하기 전에 최소 한 번쯤 생각해 볼 필요가 있다.

실제 도박하는 아들과 아빠를 상담한 적 있다. 나는 이들 부자에게 닭이냐, 알이냐가 아닌 바로 모든 도박은 사회의 악이며 하지 말아야 함을 인지 행동치료로 부모와 자녀를 건강하게 살아가도록 도움을 주었다. 부모는 아이들이 모를 거라고 생각할 수 있다. 아니다 부모가 숨긴다고 해도 가정이 불안정하면 아이도 도피할 곳을 찾게 된다. 그때 게임이나 도박이나 또 다른 것을 찾아 일탈한다.

무엇이든 나쁜 행동들은 어른이기에 더 빠르고 정직하게 수정해야 한다.

또 자신은 담배 피우면서 "너는 담배 피우면 안 된다."라고 말하는 부모는 어떤가?

그야말로 황당하기 짝이 없는 말로 합리화를 시킨다.

아빠는 일을 하다 보면 스트레스를 많이 받게 되어 어쩔 수 없이 피운다고 하는데, 공부하는 자녀에게는 네가 무슨 스트레스가 있느냐고 말하면 아이들은 아마 콧방귀를 낄 것이다.

아빠는 네 나이에 안 그랬다고 말하며 자신이 하는 흡연에 대한 당위성을 만들어 간다.

자기중심적으로 대화를 하는 아빠를 아이는 이해하려 하지 않는다. 이들은 약물 중독 인지행동치료를 통해 서로 흡연하지 않기를 결정한다. 아이는 성장하면서 학습된 흡연의 가능성이 있다. 아이는 처음에는 호기심으로 시작하지만, 어느 순간 자신도 모르게 중독 수준까지 갔다고 하며 이제라도 노담 해야겠다고 말한다.

또한 부모는 술을 먹으며 "너는 어른 되면 먹어라."라고 하는 부모, 20살 되면 하라고 말하는 부모, 이런 부모를 보는 아이는 부모를 신뢰하지 않으려고 한다. 갈등의 연속이 된다. "다른 아이들도 다 먹는데 왜 아빠만 그래? 아빠도 먹으면서 왜 그러는데?"라고 말하고 싶어 한다. 건강한 어른이 되려면 아빠도 "술 먹지 않을게! 너도 먹지 말자."라고 말할 수 있어야 한다.

처음 아이는 믿지 않으려 하지만 아빠가 술을 먹지 않으면 아이도 먹지 않게 된다.

부모는 적어도 아이들을 지적하기 전에 자신의 행동을 먼저 돌아봐야 한다.

부부 싸움도 그렇다. 늘 갈등을 겪으며 서로 인정하지 않는 부모를 보며 아이들은 어떨까?

아이들은 얼마나 불안하겠는가? '저러다가 엄마 아빠가 헤어지면 어떻게 하지?'라는 불안감으로 힘들어한다.

'나는 누구랑 살아야지?'라는 심각함을 느끼게 된다.

또한 엄마 아빠가 맞벌이한다고 주 양육자가 자주 바뀌거나,

어린이집을 일찍 보냈거나, 조부모가 양육했다면? 자녀에게 애정결핍의 행동들이 보일 수 있다. 즉 관종이거나 인정욕구 행동을 할 수 있다. 즉 착한아이 증후군들이 발견되기도 한다. 자녀를 잘 양육한다는 것은 매우 힘든 일이다. 특히 내가 받아 보지 못한 사랑을 아이에게 표현한다는 것은 더 힘들 수 있다.

이 책을 읽으며 부모의 역할, 부부의 역할을 점검하는 시간이 되길 바란다.

수십 년 동안 힘들다고, 아프다고 호소하는 사람들을 만나면서 아이들이 왜 힘들다고 하는지, 왜 비행 청소년이 되는지, 왜 왕따와 따돌림을 받게 되는지 원인을 알게 되었다.

이 모든 것이 부모 책임이라고 하면 억울해하는 부모가 많을지도 모른다. 상당히 기분 나빠할지도 모른다. 불편할 수도 있다. 하지만 사실이다. 가정에서부터 부모가 먼저 건강하게 말하고 행동한다면 아이들은 바뀐다.

가정이 불편하니까 밖으로 나가 친구들을 만나 어울리고 좋아하는 것이다. 아이가 밖을 더 좋아한다면 '우리 가정은 지금 많이 불안정하구나!'라고 알아차리고 원인을 찾아 해결받아야 한다. 부모는 밖에 나가 놀기만 하고 위험하다고 말하고 공부하라고 아이를 붙들고 있으려 하지만 아이들은 밖에 있는 것보다 집에 있는 것이 더 불안하다고 말한다.

부모는 아이에게 공부에 초점을 맞추며 엄마 아빠가 이렇게 고생하는 이유는 너 때문이라고 말하고 좋은 대학을 갈 수 있고 좋은 회사도 들어갈 수 있고 먹고살 수 있다고 가스라이팅을 하고 있다. 그렇게 놀고, 게임만 하고 공부하지 않으면 커서 뭐 먹고살 수 있느냐! 공부해야 남에게 무시당하지 않고 사람답게 살 수 있다고 한다. 아이들은 공부하지 않아도 충분히 살아갈 수 있다고 한다. 아이들은 지금 즐거우면 된다. 부모의 가스라이팅은 아이에게 잔소리일 뿐이다.

아이들에게는 부모가 하는 말들이 아무 효과가 없다.

아이들이 필요한 것은 공감과 소통이다. 아이의 얘기를 들어주고 지지해 주고 부모로부터 이해와 격려를 받으며 칭찬하는 소리를 듣기 원한다. 우리는 습관처럼 자녀에게 책임감과 미래를 위해 어떻게 해야 하는지를 자주 얘기한다. 부모의 불안이다. 아이에게 정답을 얘기하려 하지 말고 들어 주는 것이 먼저이다. 생애주기별 해야 하는 것들과 할 수 있는 것을 분별할 수 있는 동기를 만들어 주는 것이 중요하다. 또한 아이가 필요한 것이 무엇인지 아이와 대화하며 건강한 바운더리를 함께 만들어 가는 노력이 필요하다.

그렇게 할 수 있다면 아이들을 반드시 건강하게 자랄 것이다.

아이에게는 무한한 가능성과 잠재 능력이 있다. 아이들의 잠재 능력과 가능성을 축소시키지 않기를 바라며 끝을 맺고자 한다.

부모부일관성 있는 양육을 해야 한다. 또한 서로 문제 또는 갈등이 생긴다 해도 감정을 아이들 있는 곳에서 쏟아 내지 말아야 한다. 또한 약속을 잘 지켜야 한다.

또한 부부 문제로 자녀 양육에 악영향을 주지 말아야 한다.

자녀는 자녀대로 인성과 인격이 손상되지 않도록 조심하고 부모는 부모대로 자녀의 정서를 인격이 손상되지 않도록 부갈등을 대화로 풀어 가야 할 것이다.

우리가 잊지 말아야 하는 것은 "가정은 안전지대가 되어야 하고 부모는 아이들의 팬"이 되어 주어야 한다. 즉 다시 말해 자녀를 신뢰해야 하며 하며자녀의 팬이 되어 줘야 한다.

그리고 건강한 가정을 유지하라.

부모는 자녀를 양육하는 의무가 있는데 훈육만 하는 부모들이 많다. 어느 한쪽으로 치우치지 않고 균형을 이루어야 함을 강조하는 바이며, 어른들은 아동, 청소년들을 보호해야 할 의무가 있음을 잊지 않기를 부탁해 본다.

건강한 어른이 되고 싶어요

ⓒ 박한나, 2026

초판 1쇄 발행 2026년 4월 3일

지은이   박한나
펴낸이   이기봉
편집   좋은땅 편집팀
펴낸곳   도서출판 좋은땅
주소   서울특별시 마포구 양화로12길 26 지월드빌딩 (서교동 395-7)
전화   02)374-8616~7
팩스   02)374-8614
이메일   gworldbook@naver.com
홈페이지   www.g-world.co.kr

ISBN   979-11-388-5614-0 (03590)

- 가격은 뒤표지에 있습니다.
- 이 책은 저작권법에 의하여 보호를 받는 저작물이므로 무단 전재와 복제를 금합니다.
- 파본은 구입하신 서점에서 교환해 드립니다.